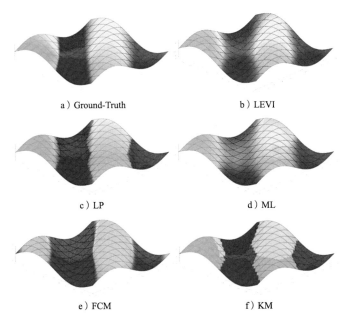

a ）Ground-Truth   b ）LEVI

c ）LP   d ）ML

e ）FCM   f ）KM

图 3.4　人造数据集上标记分布恢复的可视化结果（将标记分布的描述度作为 RGB 颜色）

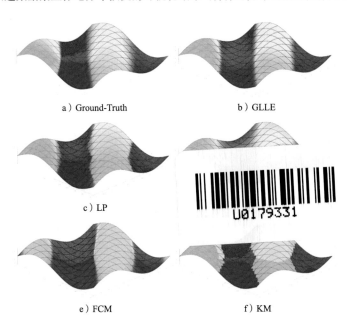

a ）Ground-Truth   b ）GLLE

c ）LP

e ）FCM   f ）KM

图 4.1　通过标记增强算法恢复出的标记分布与真实标记分布的可视化对比（标记分布
的描述度作为 RGB 颜色）

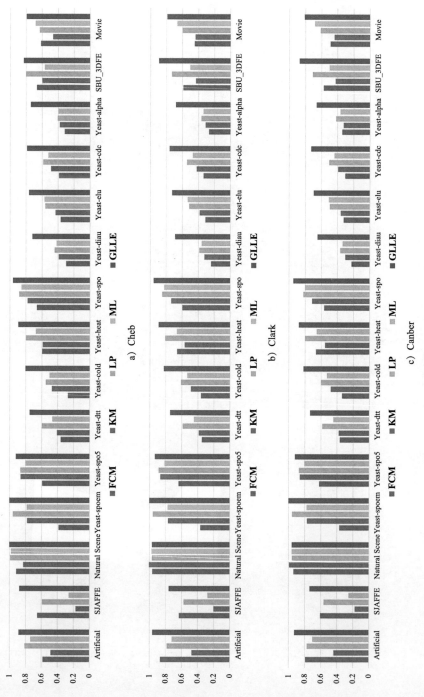

图4.3 LE+LDL的预测结果与预测上界的比例

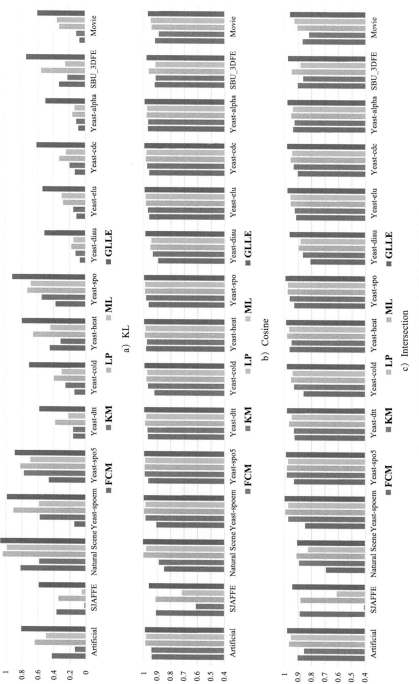

图4.4 LE+LDL的预测结果与预测上界的比例

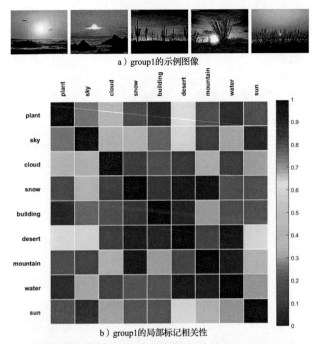

a）group1的示例图像

b）group1的局部标记相关性

图 4.5　group 1 的示例图像与局部标记相关性

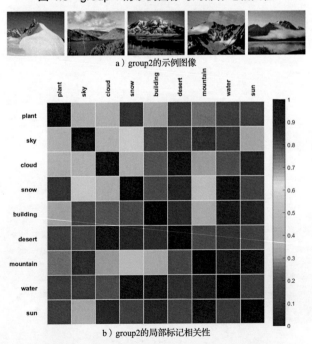

a）group2的示例图像

b）group2的局部标记相关性

图 4.6　group 2 的示例图像与局部标记相关性

CCF优博丛书

机器学习中的
标记增强理论与应用研究

Label Enhancement in Machine Learning:
Theories and Applications

徐宁——著

本书原创性地提出了标记增强这一概念，从 0/1 标记标注的训练数据中恢复出标记分布，通过连续的"描述度"来显式表达每个标记与数据对象的关联强度，使得预测模型可以在更为丰富的监督信息下进行训练，不仅为扩展标记分布学习范式的适用性提供有力支撑，而且对于探索类别监督信息的本质具有重要意义。

本书构建了标记增强基础理论框架，包括标记分布的内在生成机制、标记增强所得标记分布的质量评价机制以及标记增强后学习系统的泛化性能提升机制，并且设计了面向标记增强的专用算法，进而将标记增强应用到既有学习范式上，为解决传统学习问题提供了新思路。

本书适合机器学习领域的工程技术人员、高等院校相关专业研究生以及教师阅读。

图书在版编目（CIP）数据

机器学习中的标记增强理论与应用研究／徐宁著 . —北京：机械工业出版社，2022.12（2024.11 重印）
（CCF 优博丛书）
ISBN 978-7-111-72169-7

Ⅰ．①机⋯　Ⅱ．①徐⋯　Ⅲ．①机器学习-研究　Ⅳ．①TP181

中国版本图书馆 CIP 数据核字（2022）第 231409 号

机械工业出版社（北京市百万庄大街 22 号　邮政编码 100037）
策划编辑：戴文杰　　　　　责任编辑：梁　伟　游　静
责任校对：龚思文　王明欣　封面设计：鞠　杨
责任印制：邸　敏
北京富资园科技发展有限公司印刷
2024 年 11 月第 1 版第 4 次印刷
148mm×210mm · 6.125 印张 · 2 插页 · 114 千字
标准书号：ISBN 978-7-111-72169-7
定价：49.00 元

电话服务　　　　　　　　网络服务
客服电话：010-88361066　机　工　官　网：www.cmpbook.com
　　　　　010-88379833　机　工　官　博：weibo.com/cmp1952
　　　　　010-68326294　金　书　网：www.golden-book.com
封底无防伪标均为盗版　机工教育服务网：www.cmpedu.com

CCF 优博丛书编委会

博士研究生教育是教育的最高层级，是一个国家高层次人才培养的主渠道。博士学位论文是青年学子在其人生求学阶段，经历"昨夜西风凋碧树，独上高楼，望尽天涯路"和"衣带渐宽终不悔，为伊消得人憔悴"之后的学术巅峰之作。因此，一般来说，博士学位论文都在其所研究的学术前沿点上有所创新、有所突破，为拓展人类的认知和知识边界做出了贡献。博士学位论文应该是同行学术研究者的必读文献。

为推动我国计算机领域的科技进步，激励计算机学科博士研究生潜心钻研，务实创新，解决计算机科学技术中的难点问题，表彰做出优秀成果的青年学者，培育计算机领域的顶级创新人才，中国计算机学会（CCF）于 2006 年决定设立"中国计算机学会优秀博士学位论文奖"，每年评选不超过 10 篇计算机学科优秀博士学位论文。截至 2021 年已有 145 位青年学者获得该奖。他们走上工作岗位以后均做出了显著的科技或产业贡献，有的获国家科技大奖，有的获评国际高被引学者，有的研发出高端产品，大都成为计算机领域国内国际知名学者、一方学术带头人或有影响力的企业家。

　　博士学位论文的整体质量体现了一个国家相关领域的科技发展程度和高等教育水平。为了更好地展示我国计算机学科博士生教育取得的成效，推广博士生科研成果，加强高端学术交流，中国计算机学会于 2020 年委托机械工业出版社以"CCF 优博丛书"的形式，陆续选择 2006 年至今及以后的部分优秀博士学位论文全文出版，并以此庆祝中国计算机学会建会 60 周年。这是中国计算机学会又一引人瞩目的创举，也是一项令人称道的善举。

　　希望我国计算机领域的广大研究生向该丛书的学长作者们学习，树立献身科学的理想和信念，塑造"六经责我开生面"的精神气度，砥砺探索，锐意创新，不断摘取科学技术明珠，为国家做出重大科技贡献。

　　谨此为序。

中国工程院院士

2022 年 4 月 30 日

多义性机器学习任务中广泛存在标记强度差异现象，而既有多标记学习研究中普遍采用的 0/1 标记划分几乎完全忽视了这种现象，造成学习过程中不可避免的信息损失。《机器学习中的标记增强理论与应用研究》一书针对标记多义性问题中的标记增强进行了深入研究，从 0/1 标记标注的训练数据中恢复出标记分布，通过连续的描述度来显式表达每个标记与数据对象的关联强度，使得预测模型可以在更为丰富的监督信息下进行训练。该书构建了标记增强基础理论框架，揭示了标记分布的内在生成机制、标记分布的质量评价机制以及标记增强对学习模型的泛化性能提升机制，解释了标记增强所需的类别信息来源，证明了标记增强对于学习模型的有效性。作者提出了若干标记增强方法，并将标记增强应用于既有学习范式上，不仅为解决传统学习问题提供了新思路，而且对于探索类别监督信息的本质具有重要意义。

标记增强对多义性数据的学习效果很好，被应用于如多标记学习、人脸表情识别、跨模态检索、医学影像处理等任务上。标记增强有效强化了监督信息，提升了分类的准确度，突破了传统多标记学习的局限。

何清

中国科学院计算技术研究所研究员

2022 年 9 月

在机器学习理论与应用的研究中，数据中隐含的不确定性和多义性在很多场合不可避免，可能导致学习算法或系统预测的准确程度大幅下降。因此，对各种具有不确定性和多义性的数据进行有效的建模一直是重要的研究课题。林林总总的此类研究成果中，输入数据层面的研究相对较多，而对输出数据（或输入数据对应的标记）的相关研究则明显少得多。

标记分布学习范式通过将标记从二元的逻辑变量或其等价形式变换到连续的描述度形式（即"标记分布"），用统一的方式来处理常见的多种标记不确定性与多义性，在实践中取得了很好的效果，是一个值得大力推广的机器学习研究课题。

然而，如何从逻辑变量生成连续的描述度标记，从而使得这些描述度标记能够契合并反映数据与标记间隐含的相关性？在此前的标记分布学习研究中，这个关键问题是通过一些经验性的方法，针对不同问题设计不同算法来求解的（即所谓的 ad hoc 方法），其有效性缺乏理论保证，更缺乏一个通用的标记分布生成方法。

徐宁博士的《机器学习中的标记增强理论与应用研究》提出了标记增强理论，并对此做了非常有益的探索，基于一些合理的假设和变分方法形成了一个通用性的标记分布生成框架，并给出了相应的理论保证，为推动标记分布学习的算法研究和应用研究提供了底层保障。同时，徐宁博士还将标记增强算法生成的标记分布应用到多标记分类和偏标记分类的多个问题中，相比于 ad hoc 标记分布生成方法，获得了更优的分类效果。

在机器学习的多个应用领域，尤其是计算机视觉领域中，标记具有不确定性和多义性是普遍存在的现象。因此，我们有理由期待，徐宁博士及其合作者提出的标记增强理论与相应的算法能为这些领域的进步提供重要的推动力。我们也期待该书中尚未解决但是对相关应用意义重大的一些问题，能够在不久的将来有进一步的突破。例如，如何将标记增强与深度学习有机结合（即整合成一个端到端的整体算法）？如何将标记增强推广到有大量数据的问题中？如此，则该书给学界与工业界所带来的影响将更深、更广。

吴建鑫

南京大学教授

2022 年 9 月 30 日

导 师 序

导 师 序

本人受聘于东南大学计算机科学与工程学院，担任首席教授和研究生院常务副院长，主要从事机器学习、模式识别和计算机视觉方向的研究。特此向各位读者推荐《机器学习中的标记增强理论与应用研究》一书。该书的作者徐宁是本人的博士研究生，他的主要研究方向为机器学习与数据挖掘。取得博士学位后，徐宁留在东南大学继续开展相关方向的研究工作。

该书针对标记多义性问题中的标记增强进行了深入研究。在多标记学习中，每个样本都被赋予一组标记子集来表示其多种语义信息。然而，标记强度差异现象在多义性机器学习任务中广泛存在，而既有多标记学习研究中普遍采用的相关/无关两个子集的逻辑划分法几乎完全忽视了这种现象，造成学习过程中不可避免的信息损失。针对这一突出问题，有必要用一种称为标记分布的标注结构来代替逻辑标记对示例的类别信息进行描述。标记分布通过连续的描述度来显式表达每个标记与数据对象的关联强度，很自然地解决了标记强度差异的问题，而在以标记分布标注的数据集上学习的过程就称为标记分布学习。由于描述度的标注成本更高且常常没有客观的量化标准，现实任务中大量的多义性数据仍然是以简单逻辑标记标注的，为此，该书提出了标记增强这一概念。标记增强在不增加额外数据标注负担的前提下，挖掘训练样本中蕴含的标记重要性差异信息，将逻辑标记转化为标记分布，使得预测模型可以在更为丰富的监督信息下进行训练，不仅能为扩展标记分布学习范式的适用性提供有力支撑，而且对于探索类别监督信息的本质具有重要意义。

该书构建了标记增强基础理论框架。该理论框架研究了以下三个机制：标记分布的内在生成机制、标记增强所得标记分布的质量评价机制、标记增强后学习系统的泛化性能提升机制。对标记分布的内在生成进行机制研究，解释了标记增强所需的类别信息来源。提出标记分布的质量评价方法，解决了如何评价标记增强的结果这一问题，能够在缺少真实标记分布的情况下对标记增强算法产生的标记分布进行质量评价。研究标记增强对后续分类器泛化性能的提升，证明了标记增强后的分类器的泛化误差小于标记增强前的泛化误差，从理论上解释了为何标记增强可以提升后续分类器效果。对于以上三个机制的理论研究，将明确标记增强的研究范畴，揭示其内在机理，有助于探索类别监督信息的本质，为审视传统学习范式提供新的视角。该书提出了若干标记增强方法，而且将标记增强应用到既有学习范式上，为解决传统机器学习问题提供了新思路。

耿新

东南大学教授

2022 年 6 月

标记端多义性是当今机器学习的热点问题。多标记学习中，每个样本都被赋予一组标记子集来表示其多种语义信息。然而，标记强度差异现象在多义性机器学习任务中广泛存在，而既有多标记学习研究中普遍采用的相关/无关两个子集的逻辑划分法几乎完全忽视了这种现象，造成学习过程中不可避免的信息损失。针对这一突出问题，有必要用一种称为标记分布的标注结构来代替逻辑标记对示例的类别信息进行描述。标记分布通过连续的描述度来显式表达每个标记与数据对象的关联强度，很自然地解决了标记强度差异的问题，而在以标记分布标注的数据集上学习的过程就称为标记分布学习。由于描述度的标注成本更高且常常没有客观的量化标准，现实任务中大量的多义性数据仍然是以简单逻辑标记标注的，为此本书提出了标记增强这一概念。标记增强在不增加额外数据标注负担的前提下，挖掘训练样本中蕴含的标记重要性差异信息，将逻辑标记转化为标记分布。本书对标记增强进行研究，主要工作如下。

构建标记增强基础理论框架。该理论框架回答了三个问题。第一，标记增强所需的类别信息从何而来？即标记分布的内在生成机制。第二，标记增强的结果如何评价？即标记增强所得标记分布的质量评价机制。第三，标记增强为何有效？即标记增强对后续分类器的泛化性能提升机制。理论分析和实验结果验证了标记增强的有效性。

提出一种面向标记分布学习的标记增强专用算法。 在标记增强的概念提出前已有一些方法，虽不是以标记增强为目标，却可以部分实现其功能。然而，以面向标记分布学习的标记增强为目标专门设计的算法十分重要，其关键是如何设计能够充分挖掘数据中隐藏的标记信息的优化目标函数。因此，我们提出一种面向标记分布学习的标记增强方法GLLE。该方法利用训练样本特征空间的拓扑结构以及标记间相关性，挖掘了标记强度信息，从而生成了标记分布。实验结果验证了 GLLE 对逻辑标记数据集进行标记增强处理后使用标记分布学习的有效性。

将标记增强应用到其他学习范式上。 提出了基于标记增强的多标记学习方法 LEMLL，该方法将标记增强与多标记预测模型统一到同一学习目标中，使得预测模型可以在更为丰富的监督信息下进行训练，有效地提升了学习效果。提出了基于标记增强的偏标记学习方法 PLLE，该方法利用标记增强恢复候选标记的描述度，使得后续的学习问题转化为多输出回归问题。在多标记数据集和偏标记数据集上的实验结果显示，相比于对比算法，基于标记增强的方法取得了显著更优的表现。

关键词： 多标记学习；标记分布学习；标记增强

ABSTRACT

Learning with ambiguity is a hot topic in recent machine learning research. Multi-label learning (MLL) studies the problem where each example is represented by a single instance while associated with a set of logical labels. However, in most practical learning tasks, the relative importance among the relevant labels is more likely to be different rather than exactly equal. On the other hand, the irrelevance of each irrelevant label may be very different. The bipartite partition of the label set into relevant and irrelevant labels in MLL is actually a simplification of the real problem. Therefore, the label distribution is essential for ambiguity at the label side since the label distribution representing the degrees to which each label describes the instance. The learning process on the instances labeled by label distributions is called label distribution learning (LDL). Unfortunately, many training sets only contain simple logical labels rather than label distributions due to the difficulty of obtaining the label distributions directly. To solve this problem, we propose a new concept called label enhancement. Label enhancement is to recover the label distributions from the logical labels in the training set via leveraging the topological information of the feature space and the correlation among the labels. This dissertation studies several important issues on label enhancement, and the main results are summarized as follows.

A theoretical framework of label enhancement is constructed. The theoretical framework answers three essential questions in label enhancement. Firstly, "where is the labeling-importance for label enhancement from", i. e. , the generative mechanism of label distribution is proposed. Secondly, "how to evaluate the results of label enhancement", i. e. a evaluation method is proposed. Thirdly, "why label enhancement works", i. e. , the effectiveness about label enhancement for subsequent classification is proved theoretically. The three answers are validated by both theoretical analysis and experimental results.

A label enhancement algorithm for LDL is proposed. Note that although there is no explicit concept of LE defined in existing work, some methods with similar function to LE have been proposed. However, it is important to propose specially label enhancement algorithm for LDL, and the key issue is designing the target function to mine the implicit labeling information. We propose a novel LE algorithm called Graph Laplacian Label Enhancement (GLLE). GLLE recovers the label distributions from the logical labels in the training set via leveraging the topological information of the feature space and the correlation. Experimental results validate the effectiveness of LDL based on GLLE.

Label enhancement is applied to other machine learning paradigms. LEMLL is proposed to solve multi-label learning problem. LEMLL integrates label enhancement and the multi-label classifier into one learning target, which can help training the classifier under reinforced supervision information. PLLE is proposed to solve partial-label learning. PLLE recovers the description degrees of candidate labels and non-candidate labels by label enhancement, and transfers the partial-label leaning problem into multi-regression problem. The experimental studies validate the advantage of LEMLL and PLLE.

KeyWords: multi-label learning; label distribution learning; label enhancement

目 录

第 3 章　标记增强理论框架

第 4 章　面向标记分布学习的标记增强

第 1 章

绪论

研究背景

机器学习是人工智能的核心研究领域之一，近年来引起各国政府、科学界和工业界的极大关注与投入。例如，2017年国务院印发的《新一代人工智能发展规划》中34次提及机器学习及其子领域，并强调机器学习是"可能引发人工智能范式变革的方向"之一；美国两院院士 M. I. Jordan 与 T. Mitchell 在 2015 年联名发表于 *Science* 的论文[1] 中指出："机器学习是当前发展最迅速的科学技术领域之一。"

传统机器学习研究主要面向"单标记"样本，这里一个标记（label）通常对应一个概念类别。然而，现实任务常面临"多标记"样本，例如，一幅风景图像可同时属于"大海""沙滩"等多个类别，一段文本可同时涉及"环境""经济"等多个范畴。对于此类多义性对象，既有机器学习研究中主要用"多标记学习"（Multi-Label Learning，简记为

MLL)[2] 来处理。多标记学习中允许一个示例同时与多个标记相关，打破了传统单标记学习中一个样本只能属于一个类别的限制，因而在图像识别[3]、文本分类[4]、视频分析[5]等多义性数据常见的领域获得了广泛应用。

在多标记学习中，不同标记与一个示例的关联强度只有两级划分，即相关（一般用"1"表示）和无关（一般用"0"表示），因此这种标记可以称为"逻辑标记"。以逻辑标记标注的类别信息中，相关标记之间以及无关标记之间都是没有差别的，而真实任务中情况却往往没有这么简单，不同的类别标记对多义性对象来说往往不会恰好都一样重要：一方面，对于相关标记来说，虽然它们都是多义性对象的相关类别，但其"相关强度"却往往有显著差别，此时如全部用逻辑标记中无差别的"1"来表示则会丢失这种重要的类别信息。如图 1.1 所示的例子中，两幅图像都具有"沙滩"和"帆船"这两个相关标记，但图 1.1a）中"沙滩"比"帆船"更显著，而图 1.1b）则反之。另一方面，对于无关标记来说，虽然它们都不是数据对象直接隶属的类别，但其"无关强度"也往往有显著差别，此时如全部用逻辑标记中无差别的"0"来表示则同样会丢失重要信息。如图 1.1 所示，对两幅图像来说，"太阳"和"计算机"都是无关标记，但是由于太阳经常与沙滩、帆船共同出现在表现海滩风景的图像中，而计算机则与两幅图像主题风马牛不相及，所以"太阳"的无关强度要小于"计算机"。

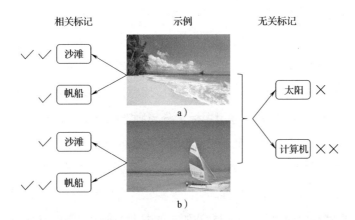

相关标记　　示例　　无关标记

a）

b）

图1.1　多义性对象的标记强度差异举例。相关标记旁"√"的多少表示相关强度，无关标记旁"×"的多少表示无关强度

　　上述标记强度差异现象在多义性机器学习任务中广泛存在，而既有多标记学习研究中普遍采用的 0/1 两级强度划分法几乎完全忽视了这种现象，造成学习过程中不可避免的信息损失。针对这一突出问题，"标记分布学习"（Label Distribution Learning，简记为 LDL）[6] 用一种称为"标记分布"的数据结构来代替逻辑标记对示例的类别信息进行描述。一个标记分布覆盖所有可能的标记，通过连续的"描述度"来显式表达每个标记与数据对象的关联强度，很自然地解决了标记强度存在差异的问题。标记分布中不再硬性区分相关标记与无关标记，一般可通过某个阈值来确定：描述度高于阈值的为相关标记，否则为无关标记。LDL 范式被成功应用于不

同领域的实际问题，如计算机视觉[7-12]、自然语言处理[13-14]、问答系统[15-17]、情感计算[18-19]、医学诊断[20-22] 等。

现有 LDL 范式应用的前提条件是训练集中每个样本需用标记分布进行标注。虽然在许多应用中，数据本身就带有标记分布，但在更多应用中标记分布则意味着更高的标注难度。一方面，对每个示例，为所有可能的标记赋予一个描述度使得标注成本更高；另一方面，标记对示例的描述度也常常没有客观的量化标准。所以现实任务中大量的多义性数据仍然是以简单逻辑标记标注的。如图 1.1 所示，将所有标记划分为相关/无关两个子集的逻辑标记实际上是对多义性数据本质的一种简化，这种监督信息既忽略了相关标记之间的差异，也忽略了无关标记之间的差异，具有明显的不充分性。尽管如此，我们仍可假设这些数据的监督信息遵循某种更为本质的标记分布，这种标记分布虽然没有显式给出，却蕴含于训练样本中，如果能够通过某种方式将其自动恢复出来，则有望在不增加额外数据标注负担的前提下，在监督不充分的逻辑标记数据上应用 LDL，从而扩展 LDL 的适用性。因为这一恢复过程将每个示例原有的简单逻辑标记"增强"为包含更多类别监督信息的标记分布，所以我们在工作[23-24] 中将这一过程称为"标记增强"（label enhancement）。

本章后续内容中首先简要介绍标记增强，然后给出了研究内容，最后介绍本书的组织。

1.2　标记增强简介

标记增强可形式化定义如下：

给定以逻辑标记标注训练集 $\mathcal{S}=\{(\boldsymbol{x}_i,\boldsymbol{l}_i)\mid 1\leqslant i\leqslant n\}$，标记增强即将每个示例 $\boldsymbol{x}_i$ 的逻辑标记 $\boldsymbol{l}_i$ 转化为相应的标记分布 $\boldsymbol{d}_i$，从而得到标记分布训练集 $\mathcal{E}=\{(\boldsymbol{x}_i,\boldsymbol{d}_i)\mid 1\leqslant i\leqslant n\}$ 的过程。

假设 $\mathcal{L}$ 表示样本的原始逻辑标记空间，$\mathcal{D}$ 表示经过标记增强后的标记分布空间。由于逻辑标记非 0 即 1，所以 $\mathcal{L}=\{0,1\}^c$，其中 c 表示标记的个数，即逻辑标记空间中，所有样本只能分布在单位超立方体的顶点上。而经标记增强后得到的标记分布空间 $\mathcal{D}$ 中，每个维度表示一个 $[0,1]$ 范围内的描述度，因此 $\mathcal{D}=[0,1]^c$，即标记分布空间中的样本分布在单位超立方体内。相比原始的 $\mathcal{L}$ 空间，标记增强后的 $\mathcal{D}$ 空间显然包含了更多类别监督信息，比逻辑标记更接近其监督信息的本质。概略来说，这些新增信息的来源主要有两个，即示例空间中的示例拓扑结构，以及标记空间中的标记间相关性，而这两者恰恰也是多标记学习等传统学习范式中许多研究的关注焦点。因此，对标记增强的研究不仅能拓展 LDL 范式的适用性，使之能够处理更为广泛的实际任务，更能深入探索多义性机器学习中类别监督信息的本质，为传统机学习研究中的焦点问题提供新的解决思路。

标记增强的概念最早由本人及合作者在人工智能领域著名国际会议 IJCAI 2018 发表的论文[23] 中提出，其扩展版 2019 年发表于期刊 *IEEE TKDE*[24]。在此之前，存在一些工作，尽管它们当时提出时并非以标记增强为直接目标，却可以用来实现标记增强功能。这些方法大致可分为三类，第一类依靠对数据的先验知识，例如，用 LDL 解决人脸年龄估计问题的工作[7] 中，假设每张人脸的年龄标记分布为以标注年龄为均值的一元正态分布；用 LDL 解决头部姿态估计问题的工作[12] 中，假设每张头部图像对应一个以标注姿态为均值的多元正态分布。第二类基于传统的模糊方法（此类方法一般需要经过改造才能完成标记增强功能），例如基于 C 均值模糊聚类算法 FCM[25]，通过模糊合成运算生成每个示例的"软标记"，这种软标记经过一些归一化步骤即可转化为标记分布；模糊 SVM 算法[26] 中，通过计算每个示例到类中心的距离与类半径的比值来得到该示例对该类别的隶属度，每个示例对所有类别的这种隶属度经过归一化后也可以转化为标记分布。第三类方法基于图模型，例如，利用 LDL 改进多标记学习的工作[27] 中，通过在示例图模型上进行标记传播获得每个示例上所有标记的相对重要性，这种相对重要性可以视为一种标记分布；多标记流形学习方法[28] 中，通过平滑假设将特征空间的局部拓扑结构迁移到标记空间，从而生成标记分布。上述既有方法虽然提出的背景和目标各有不同，但均可以统一到标记增强这一新概念下。标记增强的概念一经提出后就获得了一定的关注，一些研究者对标记增强开展了相关研究[29-31]。

1.3 研究内容

本书系统性地研究了标记增强的基础理论，设计了专门的面向标记分布学习的标记增强算法，并将标记增强应用于其他学习范式，为解决传统机器学习研究中的焦点问题提供新的解决思路。

- 在第 3 章中，构建了标记增强基础理论框架。该理论框架回答了以下三个问题：第一，标记增强所需的类别信息从何而来？即标记分布的内在生成机制；第二，标记增强的结果如何评价？即标记增强所得标记分布的质量评价机制；第三，标记增强为何有效？即标记增强后分类器的泛化性能提升机制。对以上三个机制的理论研究，一方面对标记增强本身来说，将明确其研究范畴，揭示其内在机理，另一方面对相关学习范式来说，不但有助于深入理解 LDL 范式的工作原理，拓展其适用范围，而且有助于探索类别监督信息的本质，为审视传统学习范式提供新的视角。理论分析和实验结果验证了标记增强的有效性。

- 在第 4 章中，设计了面向标记分布学习的标记增强专用算法。如前所述，在标记增强的概念提出前已有一些方法，虽不是以标记增强为目标，却可以部分实现其功能。然而，以标记增强为目标专门设计的算法相比既有方法能够取得显著更优的表现，其关键是如何设计能够充分挖掘数据中隐藏的标记信息的优化目标函数。因此，我们提出一种面向标记分布学习的标记增强方法 GLLE。该方法利用训练样本特征空间的拓扑结构以及标记间相关性，挖掘了标记强度信息，从而生成了标记分布。实验结果验证了 GLLE 对逻辑标记数据集进行标记增强处理后使用标记分布学习的有效性。

- 在第 5 章中，将标记增强应用到其他学习范式上，为解决传统学习问题提供新思路。在多标记学习中，多义性对象标记与示例间的关系较为复杂，本文提出了基于标记增强的多标记学习方法 LEMLL，该方法将标记增强与多标记预测模型统一到同一学习框架内，使得预测模型可以在更为丰富的监督信息下进行训练，有效地提升了学习效果。在偏标记学习中，学习系统面临的监督信息不再具有单一性和明确性，其真实的语义信息湮没于候选标记集合中，使得对象的学习建模变得十分困难。我们提出了基于标记增强的偏标记学习方法 PLLE，该方法利用标记增强恢复候选标记的描述度，使得后续的学习问题转化为多输出回归问题。在多标记数据集和偏标记数据集上的实验结果显示，相比于对比算法，基于标记增强的方法取得了显著更优的表现。

1.4　组织结构

本书分为六章，组织结构图如图 1.2 所示，具体组织安排如下：

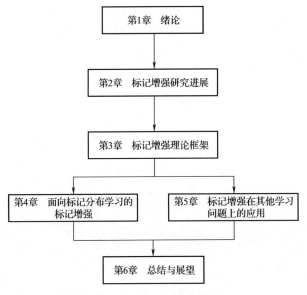

图 1.2　本书的组织结构图

第 1 章介绍研究背景、研究内容。

第 2 章对标记增强的研究进展进行介绍。

第 3 章构建了标记增强的理论框架。

第 4 章提出了面向标记分布学习的标记增强。

第 5 章将标记增强应用到其他学习问题上。

第 6 章总结工作，并在现有工作的基础上进行展望。

第 2 章

标记增强研究进展

2.1 引言

机器学习的根本问题是如何基于已有数据样本来构建出能很好地处理新数据的模型，即具有强泛化性能的模型。监督学习（supervised learning）是机器学习中研究最多的一种学习框架，在该框架中，每一个训练样本都具有标记（label）来表示其语义信息，学习的目标则是从训练演变中获得标记的概念，使得学习模型能够给予未见过的样本预测正确的标记。对于单一语义对象而言，每个对象属于唯一的概念类别，标记关系较为明确，非 0 即 1（"0"表示标记与对象无关，"1"表示相关），因此传统的监督学习用"单标记"描述这类对象，一般用简单逻辑标记标注。

然而，现实任务常面临多义性对象，例如，一幅图像可同时属于"狮子""草原"等多个类别，一段文本可同时涉及"政治""经济"等多个范畴。此类学习对象具有多义性且内蕴丰富结构，用单一的类别标记显然难以表达这些复杂对象的语义信息，传统的监督学习方法也难以在这些任务上取得好的效果。既有机器学习的研究中主要用"多标记"描述这些学习对象，即每个样本都被赋予一组标记组成的标记子集来表示其多种语义信息。多标记数据中仍然是以逻辑标记对样本进行标注，即将所有标记划分为相关/无关两个子集的逻辑标记。而多标记学习（multi-label learning）则是用来处理这些数据的学习框架，其目标是使得学习模型能够给未见过的样本预测出所有相关的类别标记[32]。

然而，对多义性对象来说，由于一个对象可对应多个标记且内蕴丰富结构，凸显出标记关系不明确的问题。一方面，对象虽然拥有多个标记，但不同标记与其相关程度往往有显著差别，不再是非 0 即 1，例如一幅风景图像具有"沙滩"和"帆船"这两个标记，但"沙滩"与"帆船"的显著程度是不同的。另一方面，标记之间的关系亦有所不同，例如人脸年龄估计问题中，"30 岁"与"25 岁"的关系比"50 岁"与"30 岁"的关系更密切。显然，"多标记"仅用 0/1 二元关系很难完整刻画多义性对象所涉及的标记关系，仅是对多义性数据本质的一种简化，这种监督信息既忽略了相关标记之间的差异，也忽略了无关标记之间的差异，具有明显的不充分性。针对这一问题，标记分布（label distribution）通过连续的"描述度"来显式表达各标记对于数据对象的相关程度并覆盖所有可能的标记，从而使得标记与对象的关系以及标记间的关系都能通过描述度及排序而明确表达和利用。因此，对于多义性对象而言，标记分布比逻辑标记更接近其监督信息的本质，而在以标记分布标注的数据集上学习的过程就称为标记分布学习（label distribution learning）。

然而在许多应用中，其多义性对象往往是用逻辑标记进行标注的。因为标记分布意味着更高的标注难度：一方面，对每个示例，为所有可能的标记赋予一个描述度使得标注成本更高；另一方面，标记对示例的描述度也常常没有客观的量化标准。因此，在缺少标记分布标注的情况下如何应对这种标记与对象之间、标记与标记之间关系的不明确性，是多义性对象给机器学习带来的一大挑战。为此，我们提出了标记增强（label enhancement）。标记增强假设这些数据的监督信息遵循某种更为本质的标记分布，这种标记分布虽然没有显式给出，却蕴含于训练样本中，而通过挖掘示例间关系以及标记关系，将每个示例原有的简单逻辑标记"增强"为包含更多类别监督信息的标记分布。标记增强旨在输出更为本质的语义信息，不仅可以为标记分布学习提供有力支撑，也为其他面向多义性对象的学习方法提供新的思路。

为了梳理标记增强这一概念，本章后续将分别介绍多标记学习、标记分布学习，并对现有的标记增强算法进行归纳。

2.2 多标记学习

多标记学习框架下，每个训练样本都被赋予一组多个类别标记组成的标记集合来表示其多种语义信息，而多标记学习的任务对未见过的样本预测出所有相关的类别标记集合。多标记学习将类别标记作为相关标记或无关标记的指示，每个标记的重要程度都是均等的，即相关标记之间没有区别，无关标记之间也没有区别[33]。在文本分类与检索[4]、视频检测[32]、多媒体内容标注、图像分类[3] 中，多标记学习都取得了成功的应用。

接下来将从学习任务、学习方法和评价指标三个方面，对多标记学习做简单介绍。

2.2.1 学习任务

我们用 $\mathcal{X} = \mathbf{R}^q$ 表示 q 维特征空间，$\mathcal{Y} = \{y_1, y_2, \cdots, y_c\}$ 表示所有 c 个类别标记的集合。给定一个多标记训练集 $\mathcal{D} = \{(x_i, Y_i) \mid 1 \le i \le n\}$，其中 $x_i \in \mathcal{X}$ 是 q 维特征向量，Y_i 表示 x_i 对应的相关标记集合，也可以用 $l_i \in \{0, 1\}^c$ 逻辑标记向量标注。多标记学习的任务是学习一个映射 $h: \mathcal{X} \to 2^{\mathcal{Y}}$，对于任何未见的示例 $x \in \mathcal{X}$，该多标记分类器 $h(\cdot)$ 能够做出预测 $h(x) \subseteq \mathcal{Y}$[34]。

2.2.2　学习方法

多标记学习方法可以大致分为两类："问题转换"（prob-lem transformation）和"算法适应"（algorithm adaptation）[33]。问题转换方法将多标记学习问题转换为其他已被研究成熟的学习问题，然后利用已有的算法解决该学习问题。算法适应方法通过改造现有算法，使得该算法可以直接处理多标记数据。下面将分别介绍这两类方法的代表性算法。

1. 问题转换方法

问题转换方法能够利用现有成熟学习框架，将多标记学习问题转换后，就可以有许多丰富的算法可供选择。根据目标的不同，多标记学习问题可以转换为二分类问题、多分类问题以及标记排序问题等。下面简要介绍几类常见的问题转换多标记学习算法。

- Binary Relevance 算法[35] 将多标记学习问题转换为 c 个相互独立的二分类问题，其中每个二分类器对应一个标记空间的标记。对于每个标记 y_j，Binary Relevance 算法首先构建二分类训练集合：

$$\mathcal{D}_j = \{ (x_i, l_i) \mid 1 \leqslant i \leqslant n \} \qquad (2.1)$$

然后通过二分类学习算法学习一个分类器。因此每个示例 x_i 要参与 c 个二分类器的训练过程。对于未见的

示例 $\boldsymbol{x}$，Binary Relevance 算法将每一个二分类器的结果拼接成最终的预测结果

- Random k-Labelsets 算法[35] 将多标记问题转换为一个多分类器集成的问题。Random k-Labelsets 算法先随机抽取一些只包含 k 个标记的子集，然后使用 Label Powerset（LP）技术将多标记数据转换为单标记数据。用 $\mathcal{Y}^k$ 表示 $\mathcal{Y}$ 中所有长度为 k 的集合，其中第 l 个用

$$\mathcal{Y}^k(l) \text{ 表示，即 } \mathcal{Y}^k(l) \subseteq \mathcal{Y}, \ |\mathcal{Y}^k(l)| = k, \ 1 \leqslant l \leqslant \binom{c}{k} 。$$

则 LP 通过将原始标记空间 $\mathcal{Y}$ 缩小到 $\mathcal{Y}^k(l)$ 来构建单标记数据集合：

设 σ_y 为标记空间的"幂空间"至自然数空间的"单射函数（injective function）"，而 σ_y^{-1} 为与之对应的逆函数（inverse function）。

$$\mathcal{D}^{\dagger}_{\mathcal{Y}^k(l)} = \{(\boldsymbol{x}_i, \sigma_{\mathcal{Y}^k(l)}(Y_i \cap \mathcal{Y}^k(l))) \mid 1 \leqslant i \leqslant n\}$$

$$(2.2)$$

其中对应的新类别集合 $\mathcal{D}^{\dagger}_{\mathcal{Y}^k(l)}$ 为

$$\Gamma(\mathcal{D}^{\dagger}_{\mathcal{Y}^k(l)}) = \{\sigma_{\mathcal{Y}^k(l)}(Y_i \cap \mathcal{Y}^k(l)) \mid 1 \leqslant i \leqslant n\} \quad (2.3)$$

然后通过多分类学习算法训练一个多分类器 $g^{\dagger}_{\mathcal{Y}^k(l)}$：$\mathcal{X} \rightarrow \Gamma(\mathcal{D}^{\dagger}_{\mathcal{Y}^k(l)})$。通过对 m 种数据集 $\mathcal{Y}^k(l_r)$（$1 \leqslant r \leqslant m$）训练多分类器，从而构造 m 个分类器做集成。对于未见的示例 $\boldsymbol{x}$，对每个类别标记做以下计算：

$$\tau(\boldsymbol{x}, y_j) = \sum_{r=1}^{m} [\![\, y_j \in \mathcal{Y}^k(l_r)\,]\!] \quad (1 \leqslant j \leqslant c)$$

$$\mu(\boldsymbol{x}, y_j) = \sum_{r=1}^{m} [\![\, y_j \in \sigma_{y^k(l_r)}^{-1}(g_{y^k(l_r)}^{\dagger}(\boldsymbol{x}))\,]\!] \quad (1 \leqslant j \leqslant c)$$

$$(2.4)$$

其中 $\tau(\boldsymbol{x}, y_j)$ 是 y_j 的最大投票数，而 $\mu(\boldsymbol{x}, y_j)$ 是 y_j 获得的真实投票数。最终预测标记集合为

$$Y = \{y_j \mid \mu(\boldsymbol{x}, y_j)/\tau(\boldsymbol{x}, y_j) > 0.5, 1 \leqslant j \leqslant c\} \quad (2.5)$$

- Calibrated Label Ranking[37] 将多标记学习问题转换为标记排序问题，通过"成对比较"来实现标记之间的排序。对于 c 个标记 $\{y_1, y_2, \cdots, y_c\}$，通过成对比较将产生 $c(c-1)/2$ 个二分类器，分别对应标记对 (y_j, y_k) $(1 \leqslant j < k \leqslant c)$。当且仅当 $y_i \in Y_i$ 时，令 $\phi(Y_i, y_i) = 1$，其他情况下 $\phi(Y_i, y_i) = 0$。具体地，对于每对标记对 (y_j, y_k)，首先通过各训练样本对 y_j 和 y_k 的相对相关性构建二分类训练集：

$$\mathcal{D}_{jk} = \{(\boldsymbol{x}_i, \psi(Y_i, y_j, y_k)) \mid \phi(Y_i, y_j) \neq \phi(Y_i, y_k), 1 \leqslant i \leqslant n\}$$

$$(2.6)$$

其中，

$$\psi(Y_i, y_j, y_k) = \begin{cases} +1, & \phi(Y_i, y_j) = +1 \ \text{且} \ \phi(Y_i, y_k) = -1 \\ -1, & \phi(Y_i, y_j) = -1 \ \text{且} \ \phi(Y_i, y_k) = +1 \end{cases}$$

$$(2.7)$$

只有带有不同相关性的两个标记 y_j 和 y_k 的样本才会

被包含在数据集 $\mathcal{D}_{jk}$ 中，用该数据集训练一个分类器，当分类器返回大于 0 时，样本属于标记 y_j，否则属于标记 y_k。在预测阶段根据分类器，每个样本和某个标签会产生一系列的投票，根据投票行为来做出最终预测：

$$\zeta(\boldsymbol{x}, y_j) = \sum_{k=1}^{j-1} [\![g_{kj}(\boldsymbol{x}) \leqslant 0]\!] + \sum_{k=j+1}^{c} [\![g_{jk}(\boldsymbol{x}) > 0]\!] \quad (1 \leqslant j \leqslant c)$$

(2.8)

2. 算法适应方法

算法适应方法能够针对多标记数据集特点对现有算法进行改造，避免了问题转换导致的信息损失。但与此同时，由于需要对现有算法进行改造，算法适应方法相对于问题转换方法来说难度更大。下面将简要介绍几类常见的算法适应多标记学习算法。

- Multi-Label k-Nearest Neighbor（ML-kNN）算法[38] 将 k 近邻算法改造以处理多标记数据，其中 Maximum A Posteriori（MAP）针对近邻的标记信息对未见示例做出预测。对于未见示例 $\boldsymbol{x}$，用 $\mathcal{N}(\boldsymbol{x})$ 表示其 k 个近邻，则示例 $\boldsymbol{x}$ 的邻居中带有标签 y_j 的邻居个数为

$$C_j = \sum_{(\boldsymbol{x}^*, Y^*) \in \mathcal{N}(\boldsymbol{x})} [\![y_j \in Y^*]\!] \qquad (2.9)$$

用 H_j 表示 $\boldsymbol{x}$ 具有标记 y_j 的事件，则 $\mathbb{P}(H_j \mid C_j)$ 表示 $\boldsymbol{x}$

具有 C_j 个带有标记 y_j 邻居的条件下 H_j 发生的后验概率，而 $\mathbb{P}(\neg\, H_j \mid C_j)$ 表示在该条件下 H_j 没有发生的后验概率。根据 MAP 规则有

$$Y = \{\, y_j \mid \mathbb{P}(H_j \mid C_j) / \mathbb{P}(\neg\, H_j \mid C_j) > 1, 1 \leqslant j \leqslant c \,\}$$

$$(2.10)$$

根据贝叶斯规则，有

$$\frac{\mathbb{P}(H_j \mid C_j)}{\mathbb{P}(\neg\, H_j \mid C_j)} = \frac{\mathbb{P}(H_j) \cdot \mathbb{P}(C_j \mid H_j)}{\mathbb{P}(\neg\, H_j) \cdot \mathbb{P}(C_j \mid \neg\, H_j)} \quad (2.11)$$

其中 $\mathbb{P}(H_j)\,(\mathbb{P}(\neg\, H_j))$ 表示 H_j 发生或未发生的先验概率，$\mathbb{P}(C_j \mid H_j)\,(\mathbb{P}(C_j \mid \neg\, H_j))$ 表示当 H_j 发生或未发生时，x 具有 C_j 个带有标记 y_j 的邻居的似然。先验概率 $\mathbb{P}(H_j)\,(\mathbb{P}(\neg\, H_j))$ 可以通过训练集计算得到，表示样本带有或不带有 y_j 的概率：

$$\mathbb{P}(H_j) = \frac{s + \sum_{i=1}^{m} [\![\, y_j \in Y_i \,]\!]}{s \times 2 + m};$$

$$\mathbb{P}(\neg\, H_j) = 1 - \mathbb{P}(H_j) \quad (1 \leqslant j \leqslant cq) \quad (2.12)$$

其中 s 是平滑因子。对于 $\mathbb{P}(C_j \mid H_j)\,(\mathbb{P}(C_j \mid \neg\, H_j))$ 的估计需要计算以下两个频率矩阵：

$$\kappa_j[r] = \sum_{i=1}^{m} [\![\, y_j \in Y_i \,]\!] \cdot [\![\, \delta_j(\boldsymbol{x}_i) = r \,]\!] \quad (0 \leqslant r \leqslant k)$$

$$\widetilde{\kappa}_j[r] = \sum_{i=1}^{m} [\![\, y_j \notin Y_i \,]\!] \cdot [\![\, \delta_j(\boldsymbol{x}_i) = r \,]\!] \quad (0 \leqslant r \leqslant k)$$

$$(2.13)$$

其中 $\delta_j(\boldsymbol{x}_i) = \sum\limits_{(\boldsymbol{x}^*,\,Y^*)\in\mathcal{N}(\boldsymbol{x}_i)} [\![\,y_j \in Y^*\,]\!]$ 表示 $\boldsymbol{x}$ 的具有标记 y_j 的近邻的数量。则相应的似然为

$$\mathbb{P}(C_j \mid H_j) = \frac{s + \kappa_j[C_j]}{s \times (k+1) + \sum\limits_{r=0}^{k} \kappa_j[r]} \quad (1 \leqslant j \leqslant c, 0 \leqslant C_j \leqslant k)$$

$$\mathbb{P}(C_j \mid \neg H_j) = \frac{s + \widetilde{\kappa}_j[C_j]}{s \times (k+1) + \sum\limits_{r=0}^{k} \widetilde{\kappa}_j[r]} \quad (1 \leqslant j \leqslant c, 0 \leqslant C_j \leqslant k)$$

$$(2.14)$$

由上述条件概率，先验概率则可以根据贝叶斯规则和后验概率最大化，计算出样本的标记集合。

- Multi-Label Decision Tree（ML-DT）算法[39] 将决策树改造以适应多标记数据集，引入了基于多标记熵的信息增益准则。对于数据集 $\mathcal{T}$ 和第 l 个特征，划分值为 ϑ，计算出如下信息增益：

$$\mathrm{IG}(\mathcal{T}, l, \vartheta) = \mathrm{MLEnt}(\mathcal{T}) - \sum_{\rho \in \{-,+\}} \frac{|\mathcal{T}^\rho|}{|\mathcal{T}|} \cdot \mathrm{MLEnt}(\mathcal{T}^\rho)$$

$$(2.15)$$

其中 $\mathcal{T}^- = \{(\boldsymbol{x}_i, Y_i) \mid x_{il} \leqslant \vartheta, 1 \leqslant i \leqslant n\}$，$\mathcal{T}^+ = \{(\boldsymbol{x}_i, Y_i) \mid x_{il} > \vartheta, 1 \leqslant i \leqslant n\}$。递归地构建一棵决策树，每次选取特征和划分值，使得式（2.15）的信息增益最大。而熵的计算如下：

$$\mathrm{MLEnt}(\mathcal{T}) = \sum_{j=1}^{c} -p_j \log_2 p_j - (1-p_j) \log_2 (1-p_j) \quad (2.16)$$

其中 $p_j = \dfrac{\sum_{i=1}^{n} [\![y_j \in Y_i]\!]}{n}$。对于未见示例 $\boldsymbol{x}$，向下遍历

决策树的结点，找到叶结点，则预测的标记集合为

$$Y = \{ y_j \mid p_j > 0.5, 1 \leqslant j \leqslant c \} \tag{2.17}$$

- Ranking Support Vector Machine（Rank-SVM）[40] 将最大间隔策略改造以适用于多标记数据，其使用一组线性分类器最小化经验 ranking loss，并使用 kernel tricks 引入非线性。该学习系统由 c 个线性分类器 $W = \{ (\boldsymbol{w}_j, b_j) \mid 1 \leqslant j \leqslant c \}$ 构成，Rank-SVM 通过考虑对样本的相关标记与无关标记的排序能力定义学习系统的间隔：

$$\min_{(\boldsymbol{x}_i, Y_i) \in \mathcal{D}} \min_{(y_j, y_k) \in Y_i \times \bar{Y}_i} \frac{\langle \boldsymbol{w}_j - \boldsymbol{w}_k, \boldsymbol{x}_i \rangle + b_j - b_k}{\| \boldsymbol{w}_j - \boldsymbol{w}_k \|} \tag{2.18}$$

其中 $\langle \boldsymbol{u}, \boldsymbol{v} \rangle$ 表示内积 $\boldsymbol{u}^\top \boldsymbol{v}$。像 SVM 一样对 $\boldsymbol{w}$ 和 $\boldsymbol{b}$ 进行缩放变换后可以对式子进行改写，然后最大化间隔，再调换分子分母进行改写，得到

$$\begin{cases} \max_{W} \min_{(\boldsymbol{x}_i, Y_i) \in \mathcal{D} (y_j, y_k) \in Y_i \times \bar{Y}_i} \dfrac{1}{\| \boldsymbol{w}_j - \boldsymbol{w}_k \|^2} \\ \text{s. t. } \langle \boldsymbol{w}_j - \boldsymbol{w}_k, \boldsymbol{x}_i \rangle + b_j - b_k \geqslant 1 \quad (1 \leqslant i \leqslant n, (y_j, y_k) \in Y_i \times \bar{Y}_i) \end{cases} \tag{2.19}$$

为了简化，用 sum 操作来近似 max 操作：

$$\min_{W} \quad \sum_{j=1}^{c} \| \boldsymbol{w}_j \|^2$$

$$\text{s. t.} \quad \langle \boldsymbol{w}_j - \boldsymbol{w}_k, \boldsymbol{x}_i \rangle + b_j - b_k \geqslant 1 \quad (1 \leqslant i \leqslant n, (y_j, y_k) \in Y_i \times \overline{Y}_i)$$

$$(2.20)$$

为了软间隔最大化，引入松弛变量，得到

$$\begin{cases} \min_{\{W, \Xi\}} \quad \sum_{j=1}^{c} \| \boldsymbol{w}_j \|^2 + C \sum_{i=1}^{m} \frac{1}{|Y_i| |\overline{Y}_i|} \sum_{(y_j, y_k) \in Y_i \times \overline{Y}_i} \xi_{ijk} \\ \text{s. t.} \quad \langle \boldsymbol{w}_j - \boldsymbol{w}_k, \boldsymbol{x}_i \rangle + b_j - b_k \geqslant 1 - \xi_{ijk} \\ \qquad \xi_{ijk} \geqslant 0 \quad (1 \leqslant i \leqslant n, (y_j, y_k) \in Y_i \times \overline{Y}_i) \end{cases}$$

$$(2.21)$$

其中 $\Xi = \{\xi_{ijk} \mid 1 \leqslant i \leqslant n, (y_j, y_k) \in Y_i \times \overline{Y}_i\}$ 表示松弛变量。对于未见示例 $\boldsymbol{x}$，预测的标记集合为

$$Y = \{y_j \mid \langle \boldsymbol{w}_j, \boldsymbol{x} \rangle + b_j > \langle \boldsymbol{w}^*, \boldsymbol{f}^*(\boldsymbol{x}) \rangle + b^*, 1 \leqslant j \leqslant c\} \quad (2.22)$$

2.2.3 评价指标

在传统的监督学习框架下，研究者们常用精度等指标来衡量学习系统的性能。在多标记学习中，由于样本同时具有多个标记，这些传统的评价指标不再适用。为此，一系列为多标记学习设计的评价指标被相继提出，它们能够从不同的角度评价多标记学习系统的预测性能，往往被一起使用以便做出综合的评价。这些指标大体上可以分为两类：一类为基于样本的评价指标，另一类为基于标记的评

价指标。前者先计算模型在单个测试样本上的预测情况，然后将所有测试样本上的均值作为最终的结果。后者首先计算模型对每个单独标记的预测结果，然后综合所有标记上的指标作为最终结果。下面将对基于一个具有 p 个样本的测试集 $\mathcal{S}=\{(\boldsymbol{x}_i, Y_i) \mid 1 \leqslant i \leqslant p\}$ 和多标记分类器 $h(\cdot)$，来对这两类评价指标分别进行介绍。

1. 基于样本的评价指标

- subset accuracy：

$$\text{subsetacc}(h) = \frac{1}{p} \sum_{i=1}^{p} \left[h(\boldsymbol{x}_i) = Y_i \right] \qquad (2.23)$$

该指标计算预测标记集合与真实标记集合完全相等的样本占测试集的比例。其取值在 0 到 1 之间，值越大表示性能越好。值得注意的是，当标记个数较多时，预测的标记子集很难与真实标记集合完全一样。

- hamming loss：

$$\text{hloss} = \frac{1}{p} \sum_{i=1}^{p} \frac{1}{c} \left| h(\boldsymbol{x}_i) \Delta Y_i \right|$$

其中 Δ 算子计算两个集合之间的对称差，而 $|\cdot|$ 则返回集合的势。该指标计算所有预测样本在所有标记上的错误率，即 $p \times c$ 个预测中错误的比例。该指标取值范围是 $[0,1]$，值越小表示性能越好。

- one-error：

$$\text{one-error} = \frac{1}{p} \sum_{i=1}^{p} I\left[\underset{y \in \mathcal{Y}}{\arg\max} f(\boldsymbol{x}_i, y) \notin Y_i \right] \quad (2.24)$$

其中，$f(\cdot, \cdot)$ 为与多标记分类器 h 对应的分类函数。该指标计算预测为最相关的标记与该样本不相关的情况在测试集中所占比例。其取值范围是 $[0, 1]$，值越小代表性能越好。one-error 主要关心预测标记中排在第一的，而不关心其他标记是否正确。

● coverage：

$$\text{coverage} = \frac{1}{p} \sum_{i=1}^{p} \max_{y \in Y_i} \text{rank}_f(\boldsymbol{x}_i, y) - 1 \quad (2.25)$$

其中，$\text{rank}_f(\cdot, \cdot)$ 为与实值函数 $f(\cdot, \cdot)$ 对应的排序函数。该指标计算样本的相关标记中，根据预测值被排在最后的那个标记所处的排名。换句话说，coverage 反映了在预测的标记序列中，要覆盖所有的相关标记需要的搜索深度。当 coverage 取值较低时，表示所有相关标记都被排在了比较靠前的位置。在使用 coverage 作为评价指标的时候，一般将其规范化，即再除以标记个数，使得其取值范围为 $[0, 1]$，值越小代表性能越好。

● ranking loss：

$$\text{rloss} = \frac{1}{p} \sum_{i=1}^{p} \frac{1}{|Y_i| \, |\bar{Y}_i|} \left| \{ (y, \bar{y}) \, | \, f(\boldsymbol{x}_i, y) \leqslant f(\boldsymbol{x}_i, \bar{y}), (y, \bar{y}) \in Y_i \times \bar{Y}_i \} \right|$$

$$(2.26)$$

其中 Y_i 和 $\bar{Y}_i$ 分别表示 $\boldsymbol{x}_i$ 的相关标记集合和无关标记

集合。该指标计算无关标记被排在相关标记之前的情况占比。其取值范围为 $[0,1]$，值越小表示性能越好。

- average precision：

$$\text{avgprec} = \frac{1}{p} \sum_{i=1}^{p} \frac{1}{|Y_i|} \sum_{y \in Y_i} \frac{|\{y' \mid \text{rank}_f(\boldsymbol{x}, y') \leqslant \text{rank}_f(\boldsymbol{x}_i, y), y' \in Y_i\}|}{\text{rank}_f(\boldsymbol{x}_i, y)}$$

(2.27)

该指标计算了对于特定相关标记 $y \in Y_i$，比 y 排名更高的相关标记的占比。也就是衡量按照预测值排序的标记序列中，被排在相关标记之前的标记仍然是相关标记的情况。其取值范围是 $[0,1]$，其值越大则表示性能越好。

- $\text{Precision}_{\text{exam}}$：

$$\text{Precision}_{\text{exam}}(h) = \frac{1}{p} \sum_{i=1}^{p} \frac{|Y_i \cap h(\boldsymbol{x}_i)|}{|h(\boldsymbol{x}_i)|} \quad (2.28)$$

该指标衡量评价每个样本上预测的相关标记中，有多少比例是真实的相关标记，其值越大越好。

- $\text{Recall}_{\text{exam}}$：

$$\text{Recall}_{\text{exam}}(h) = \frac{1}{p} \sum_{i=1}^{p} \frac{|Y_i \cap h(\boldsymbol{x}_i)|}{|Y_i|} \quad (2.29)$$

该指标衡量评价每个样本上有多少比例的相关标记被预测出来，其值越大越好。

- F_{exam}^{β}：

$$F_{\text{exam}}^{\beta}(h) = \frac{(1+\beta^2) \cdot \text{Precision}_{\text{exam}}(h) \cdot \text{Recall}_{\text{exam}}(h)}{\beta^2 \cdot \text{Precision}_{\text{exam}}(h) + \text{Recall}_{\text{exam}}(h)}$$

(2.30)

该指标同时考虑预测的正确率以及相关标记的召回率。该指标的值越大越好，常见的设置为 $\beta = 1$。

2. 基于标记的评价指标

为了方便介绍，首先引入单个标记上预测结果的统计量：TP_j 表示标记 y_j 上真正例个数，即统计测试集中有多少样本被预测为与标记 y_j 相关，而实际也相关，其定义为

$$\text{TP}_j = |\{x_i \mid y_j \in Y_i \wedge y_j \in h(x_i), 1 \leq i \leq p\}| \quad (2.31)$$

FP_j 表示标记 y_j 上伪正例个数，即统计测试集中有多少样本被预测为与标记 y_j 相关，而实际不相关，其定义为

$$\text{FP}_j = |\{x_i \mid y_j \notin Y_i \wedge y_j \in h(x_i), 1 \leq i \leq p\}| \quad (2.32)$$

TN_j 表示标记 y_j 上真负例个数，即统计测试集中有多少样本被预测为与标记 y_j 不相关，而实际也不相关，其定义为

$$\text{TN}_j = |\{x_i \mid y_j \notin Y_i \wedge y_j \notin h(x_i), 1 \leq i \leq p\}| \quad (2.33)$$

FN_j 表示标记 y_j 上伪负例个数，即统计测试集中有多少样本被预测为与标记 y_j 不相关，而实际相关，其定义为

$$\text{FN}_j = |\{x_i \mid y_j \in Y_i \wedge y_j \notin h(x_i), 1 \leq i \leq p\}| \quad (2.34)$$

基于以上统计量，我们给出以下常见的基于标记的评价指标：

- accuracy：

$$\text{accuracy}(g,\mathcal{D}) = \frac{1}{c}\sum_{j=1}^{c}\frac{\text{TP}_j + \text{TN}_j}{n} \qquad (2.35)$$

该指标计算的是每个标记上正确率的均值，其值越大性能越好。

- precision：

$$\text{precision}_{\text{macro}}(g,\mathcal{D}) = \frac{1}{c}\sum_{j=1}^{c}\frac{\text{TP}_j}{\text{TP}_j + \text{FP}_j} \qquad (2.36)$$

$$\text{precision}_{\text{micro}}(g,\mathcal{D}) = \frac{\displaystyle\sum_{j=1}^{c}\text{TP}_j}{\displaystyle\sum_{j=1}^{c}\text{TP}_j + \sum_{j=1}^{c}\text{FP}_j} \qquad (2.37)$$

该指标衡量的是预测为相关标记中有多少确实是相关标记，其取值越大性能越好。该指标有 macro 和 micro 两种不同的定义。macro 是均等对待各标记，先基于统计量计算在各标记上的性能，然后再将所有标记上的均值作为最终结果。micro 则是均等对待每个样本，先将所有标记上的统计量相加，然后再基于这些求和的统计量来计算分类性能作为最终结果。

- recall：

$$\text{recall}_{\text{macro}}(g,\mathcal{D}) = \frac{1}{c} \sum_{j=1}^{c} \frac{\text{TP}_j}{\text{TP}_j + \text{FN}_j}$$

$$\text{recall}_{\text{micro}}(g,\mathcal{D}) = \frac{\sum\limits_{j=1}^{c} \text{TP}_j}{\sum\limits_{j=1}^{c} \text{TP}_j + \sum\limits_{j=1}^{c} \text{FN}_j}$$

(2.38)

该指标衡量真正的相关标记究竟有多少被正确预测，其取值越大性能越好。

- F-measure：

$$F_{\text{macro}}^{\beta}(g,\mathcal{D}) = \frac{1}{c} \sum_{j=1}^{c} \frac{(1+\beta^2) \cdot \text{TP}_j}{(1+\beta^2) \cdot \text{TP}_j + \beta^2 \cdot \text{FN}_j + \text{FP}_j}$$

$$F_{\text{micro}}^{\beta}(g,\mathcal{D}) = \frac{(1+\beta^2) \cdot \sum\limits_{j=1}^{c} \text{TP}_j}{(1+\beta^2) \cdot \sum\limits_{j=1}^{c} \text{TP}_j + \beta^2 \cdot \sum\limits_{j=1}^{c} \text{FN}_j + \sum\limits_{j=1}^{c} \text{FP}_j}$$

(2.39)

该指标同时考虑预测的正确率以及相关标记的召回率，其值越大性能越好。常用设置中 $\beta=1$。

- AUC：

$$\text{AUC}_{\text{macro}} = \frac{1}{c} \sum_{j=1}^{c} \text{AUC}_j$$

$$= \frac{1}{c} \sum_{j=1}^{c} \frac{\left| \{(\boldsymbol{x}',\boldsymbol{x}'') \mid f(\boldsymbol{x}',y_j) \geqslant f(\boldsymbol{x}'',y_j), (\boldsymbol{x}',\boldsymbol{x}'') \in \mathcal{Z}_j \times \overline{\mathcal{Z}}_j \} \right|}{|\mathcal{Z}_j| \, |\overline{\mathcal{Z}}_j|}$$

(2.40)

其中 $\mathcal{Z}_j = \{x_i \mid y_j \in Y_i, 1 \leqslant i \leqslant p\}$ $(\overline{\mathcal{Z}}_j = \{x_i \mid y_j \notin Y_i, 1 \leqslant i \leqslant p\})$ 表示与 y_j 相关（无关）的测试样本集。

$$\text{AUC}_{\text{micro}} = \frac{\left|\{(x',x'',y',y'') \mid f(x',y') \geqslant f(x'',y''), (x',y') \in \mathcal{S}^+, (x'',y'') \in \mathcal{S}^-\}\right|}{\left|\mathcal{S}^+\right|\left|\mathcal{S}^-\right|}$$

(2.41)

其中 $\mathcal{S}^+ = \{(x_i, y) \mid y \in Y_i, 1 \leqslant i \leqslant p\}$ $(\mathcal{S}^- = \{(x_i, y) \mid y \notin Y_i, 1 \leqslant i \leqslant p\})$ 表示相关（无关）的样本–标记对集合。AUC 衡量的是针对每个标记来说模型对样本的排序好坏，其取值越大性能越好。

2.3 标记分布学习

对一个示例 x_i 来讲，标记 y 的描述度为 $d_{x_i}^y$，其满足 $d_{x_i}^y \in [0,1]$ 并且 $\sum_y d_{x_i}^y = 1$。所有标记的描述度构成一种类似概率分布的数据结构 $d_i = [d_{x_i}^{y_1}, d_{x_i}^{y_2}, \cdots, d_{x_i}^{y_c}]$，被称为标记分布。值得注意的是，标记分布本质上是对标记强度的差异进行描述，因此在处理一些实际问题时[28]，标记分布的描述度可以拓展到实数范围内，即 $d_{x_i}^y \in \mathbf{R}$。标记分布覆盖所有可能的标记，通过连续的"描述度"来显式表达每个标记与数据对象的关联强度，很自然地解决了标记强度存在差异的问题，而在以标记分布标注的数据集上学习的过程就称为标记分布学习。标记分布学习的出现使得从数据中学习比多标记更为丰富的语义成为可能，比如可以更精确地刻画与同一示例相关的多个标记的相对重要性差异等。事实上，Geng[6]曾经指出，单标记学习和多标记学习都可以看作标记分布学习的特例，这也就意味着标记分布学习是一个更为泛化的机器学习框架，在此框架内研究机器学习方法具有重要的理论和应用价值。

传统的单标记和多标记标注在这一定义下都可以看作标记分布的特例。图 2.1 给出了单标记、多标记以及一般情况下标记分布的例子。具体来说，对于单标记标注，如图 2.1a 所示例子，这时只有一个相关标记 y_2，因此 $d_x^{y_2} = 1$，而其他所有标记的描述度均为 0。对于多标记标注，如图 2.1b 所示例子，两个相关标记 y_2 和 y_4 在没有额外信息的情况下只能假设其重要程度相等。所以 $d_x^{y_2} = d_x^{y_4} = 0.5$，而其他所有标记的描述度均为 0。最后，图 2.1c 给出了一般情况下标记分布的一个例子，其仅需满足条件 $d_x^y \in [0,1]$ 并且 $\sum_y d_x^y = 1$。通过这些例子可以看出，单标记和多标记标注都可以看作标记分布的特例，标记分布比传统示例标注方式更加通用，因此可以为机器学习提供更多的灵活性。值得注意的是，标记分布学习与多输出回归具有一定联系。具体地，如果多输出回归满足标记分布的限定条件，即 $d_{x_i}^y \in [0,1]$ 且 $\sum_y d_{x_i}^y = 1$，那么多输出回归就成为标记分布学习。因此，标记分布学习可以看作多输出回归的特例。

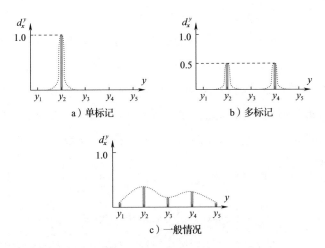

图 2.1　单标记、多标记与一般情况下的标记分布

接下来将从学习任务、学习方法和评价指标三个方面，对标记分布学习做简单介绍。

2.3.1　学习任务

因为标记分布与概率分布满足相同的约束条件，因此标记分布学习可以借用很多统计学的理论和方法。首先，描述度可以用条件概率的形式来表示，即 $d_x^y = p(y \mid \boldsymbol{x})$，那么标记分布学习可以描述如下：

假设 $\mathcal{X} = \mathbf{R}^q$ 表示示例的特征空间，$\mathcal{Y} = \{y_1, y_2, \cdots, y_c\}$ 表示标记空间。给定一个训练集 $S = \{(\boldsymbol{x}_1, \boldsymbol{d}_1), (\boldsymbol{x}_2, \boldsymbol{d}_2), \cdots, (\boldsymbol{x}_n, \boldsymbol{d}_n)\}$，标记分布学习的目标是从 S 中学习得到一个条件

概率质量函数 $p(y\mid \boldsymbol{x})$，其中 $x\in\mathcal{X}$ 且 $y\in\mathcal{Y}$。

假设 $p(y\mid \boldsymbol{x})$ 的参数模型表示为 $p(y\mid \boldsymbol{x};\boldsymbol{\theta})$，其中 $\boldsymbol{\theta}$ 是参数向量。给定训练集 S，标记分布学习的目标是找到一个 $\boldsymbol{\theta}$，使得给定示例 $\boldsymbol{x}_i$，$p(y\mid \boldsymbol{x};\boldsymbol{\theta})$ 能生成与 $\boldsymbol{x}_i$ 的真实标记分布 $\boldsymbol{d}_i$ 尽可能相似的标记分布。如果使用 Kullback-Leibler 散度来度量两个分布之间距离的话，那么最佳的参数 $\boldsymbol{\theta}$ 为

$$\boldsymbol{\theta}^* = \underset{\boldsymbol{\theta}}{\operatorname{argmin}} \sum_i \sum_j \left(d_{\boldsymbol{x}_i}^{y_j} \ln \frac{d_{\boldsymbol{x}_i}^{y_j}}{p(y_j \mid \boldsymbol{x}_i;\boldsymbol{\theta})} \right) \qquad (2.42)$$

$$= \underset{\boldsymbol{\theta}}{\operatorname{argmax}} \sum_i \sum_j d_{\boldsymbol{x}_i}^{y_j} \ln p(y_j \mid \boldsymbol{x}_i;\boldsymbol{\theta})$$

有了式（2.42）中的优化目标，首先回望一下传统的单标记和多标记学习这两个特例在这一优化目标下会得到什么结果。对于单标记学习，$d_{\boldsymbol{x}}^{y} = \mathrm{Kr}(y_j, y(\boldsymbol{x}_i))$，其中，$\mathrm{Kr}(\cdot, \cdot)$ 是 Kronecker delta 函数，$y(\boldsymbol{x}_i)$ 是 $\boldsymbol{x}_i$ 的单标记。这时，式（2.42）可以简化为

$$\boldsymbol{\theta}^* = \underset{\boldsymbol{\theta}}{\operatorname{argmax}} \sum_i \ln p(y(\boldsymbol{x}_i) \mid \boldsymbol{x}_i;\boldsymbol{\theta}) \qquad (2.43)$$

这实际上是 $\boldsymbol{\theta}$ 的极大似然估计（maximum likelihood，简记为 ML），而后面使用 $p(y\mid \boldsymbol{x};\boldsymbol{\theta})$ 进行分类等价于最大后验决策（maximum a posteriori，简记为 MAP）。对于多标记学习，每个示例 $\boldsymbol{x}_i$ 使用一个标记集合 Y_i 来标注，因此，$d_{\boldsymbol{x}_i}^{y_j} = \begin{cases} \dfrac{1}{|Y_i|}, & y_j \in Y_i \\ 0, & y_j \notin Y_i \end{cases}$。此时，式（2.42）变化为

$$\boldsymbol{\theta}^* = \underset{\boldsymbol{\theta}}{\arg\max} \sum_i \frac{1}{|Y_i|} \sum_{y \in Y_i} \ln p(y \mid \boldsymbol{x}_i ; \boldsymbol{\theta}) \qquad (2.44)$$

而式（2.44）可以看作使用相关标记集合的势的倒数进行加权的极大似然估计。实际上，这等价于首先采用一种基于熵的标记分配方法（Entropy-based Label Assignment，ELA）[2]将多标记数据转化为加权的单标记数据，然后再用极大似然估计来估计参数 $\boldsymbol{\theta}$。通过以上分析可以看出，在适当的约束条件下，标记分布学习算法可以转化为常见的单标记或多标记学习算法。因此，标记分布学习可以看作一个更加通用的学习框架，包含了作为特例的单标记和多标记学习。此外，标记分布学习是一个较为灵活的学习框架，例如文献［41］使用了深度神经网络，使得标记分布学习达到了更好的效果。

2.3.2　学习方法

标记分布学习算法分为三种策略。第一种策略是问题转化，即将标记分布学习问题转化为传统的单标记或多标记学习问题。代表算法分别是 PT-Bayes 和 PT-SVM，其中"PT"表示"问题转化"（problem transformation）。第二种策略是算法改造，即将传统单标记或多标记学习算法改造为能够处理标记分布数据的学习算法。代表算法分别是 AA-kNN 和 AA-BP，其中"AA"表示"算法改造"（algorithm adaptation）。第三种策略是根据标记分布学习本身固有的特性而设计的专用算法，代表算法分别是 SA-IIS 和 SA-BFGS，其中"SA"表示"专用算法"（specialized algorithm）。

1. 问题转换方法

将标记分布学习问题转换为单标记学习问题的一个直接方法，就是将训练样例转化成具有权重的单标记样本。具体地，将每个训练样本（x_i, d_i）转化成 c 个单标记样本（x_i, y_j），每个样本的权值为 $d_{x_i}^{y_j}$。然后依据每个样本的权值，对训练集进行重采样。经过重采样的训练集转化成一个含有 $c \times n$ 个样本的标准单标记训练集，任何单标记学习算法都能应用于这个训练集上。值得注意的是，在重采样环节，标记分布标注的训练示例被转化成了多个示例。然而，产生的训练集并不能构成多示例学习（Multi-Instance Learning，MIL）或者多示例多标记学习（Multi-Instance Multilabel Learning，MIML）问题。对于 MIL 和 MIML，训练集是由许多包组成的，而这些包又各自包含多个示例；一个包由一个标记（MIL）或者标记集合（MIML）标注，这意味着包内至少有一个示例可以被该标记或者标记集合所标注，但对于包中每个示例来讲，其标记仍然不明。另一方面，标记分布训练集通过重采样获得的是一个标准单标记训练集。每个示例都显式地分配了一个标记。此外，尽管样例的数量从 n 个扩展为 $c \times n$ 个，其计算复杂度和规模都没有发生变化，这是因为标注信息从一个标记分布（c 个元素）简化成了一个单标记（1 个元素）。

　　为了预测示例 x 的标记分布，学习器必须能够输出每个标记 y_j 的描述度，即 $d_x^{y_j}=P(y_j\,|\,x)$。因此，这里可以采用两个经典算法，一个是贝叶斯分类器，还有一个是 SVM，分别记为 PT-Bayes 和 PT-SVM。具体地，贝叶斯分类器假设每个类服从正态分布，由此计算出的后验概率即为对应标记的描述度。对于 SVM，每个标记的概率估计是基于一种逐对耦合多类方法来实现的[42]，这里的每个二值向量机的概率都是用改进的 Platt 后验概率[43] 来计算的。

2. 算法改造方法

　　某些传统算法可以自然地扩展为能够处理标记分布的算法，这里介绍常用的两种算法。

- AA-kNN 算法通过将 k-NN 改造以处理标记分布数据。给定一个新的示例 x，首先在训练集中找出 x 的 k 近邻。接着，将 k 个近邻的标记分布的均值作为对 x 的标记分布预测：

$$p(y_j\,|\,x)=\frac{1}{k}\sum_{i\in N_k(x)}d_{x_i}^{y_j}\quad(j=1,2,\cdots,c)\quad(2.45)$$

其中，$N_k(x)$ 是 x 的第 k 个近邻在训练集中的下标编号。

- AA-BP 算法通过改造神经网络算法以处理标记分布数

据。假设三层前馈神经网络有 q（x 的维度）个输入单元，c（标记的个数）个输出单元，每个输出单元输出标记 y_j 的描述度。对于 SLL 和 MLL 来说，其期望输出是一个向量，在相关标记的对应位置为"1"，无关标记的对应位置为"0"。对于标记分布，是输入训练示例的真实标记分布。于是 BP 算法的目标就是最小化这个真实标记分布和神经网络输出的标记分布之间的误差平方和。为保证神经网络的输出 $z = (z_1, z_2, \cdots, z_c)$ 对于所有 $j = 1, 2, \cdots, c$ 都满足 $z_j \in [0,1]$，且 $\sum_j z_j = 1$，将 softmax 用于每个输出神经元。假设第 j 个输出神经元的输入为 η_j，其对应的 softmax 输出 z_j 为

$$z_j = \frac{\exp(\eta_j)}{\sum_{k=1}^{c} \exp(\eta_k)} \quad (j = 1, 2, \cdots, c) \quad (2.46)$$

3. 专用方法

专用方法与问题转换和算法改造这两种间接策略相比，专用方法与标记分布问题更加匹配，比如直接求解式（2.42）中的优化问题。这里介绍两种专用算法，即 SA-IIS 和 SA-BFGS，其中关键一步就是解决如式（2.42）中的优化问题。这里介绍两种代表性算法。

- SA-IIS 假设 $p(y \mid x; \theta)$ 为最大熵模型[44]，即

$$p(y \mid \boldsymbol{x};\boldsymbol{\theta}) = \frac{1}{Z}\exp\left(\sum_k \theta_{y,k}g_k(\boldsymbol{x}) \right) \qquad (2.47)$$

其中 $Z = \sum_y \exp\left(\sum_k \theta_{y,k}g_k(\boldsymbol{x}) \right)$ 为归一化因子，$\theta_{y,k}$ 是 $\boldsymbol{\theta}$ 中对应标记 y 和 $\boldsymbol{x}$ 的第 k 个分量 $g_k(\boldsymbol{x})$ 的元素。将式（2.47）代入式（2.42）中，得到 $\boldsymbol{\theta}$ 的目标函数：

$$T(\theta) = \sum_{i,j} d_{\boldsymbol{x}_i}^{y_j} \sum_k \theta_{y_j,k}g_k(\boldsymbol{x}_i) - \sum_i \ln \sum_j \exp\left(\sum_k \theta_{y_j,k}g_k(\boldsymbol{x}_i) \right)$$

$$(2.48)$$

SA-IIS 使用了一种类似改进迭代缩放（Improved Iterative Scaling，简记为 IIS）[45] 的方法对式（2.48）进行优化。IIS 从任意的一个初始参数开始，每步都将 $\boldsymbol{\theta}$ 值更新到 $\boldsymbol{\theta}+\boldsymbol{\delta}$，$\boldsymbol{\delta}$ 中的元素 $\delta_{y_j,k}$ 通过求解下式来得到

$$\sum_i p(y_j \mid \boldsymbol{x}_i;\theta)g_k(\boldsymbol{x}_i)\exp(\delta_{y_j,k}s(g_k(\boldsymbol{x}_i))g^{\#}(\boldsymbol{x}_i)) - \sum_i d_{\boldsymbol{x}_i}^{y_j}g_k(\boldsymbol{x}_i) = 0$$

$$(2.49)$$

其中 $g^{\#}(\boldsymbol{x}_i) = \sum_k |g_k(\boldsymbol{x}_i)|$。式（2.49）的优点是，每个 $\delta_{y_j,k}$ 独立出现，因此可以用牛顿法求解。

- SA-BFGS 通过拟牛顿法 BFGS[46]，进一步改善了 SA-IIS 算法，将目标函数的优化与一阶梯度函数相关联，比标准牛顿线性搜索方法的效率更高。SA-BFGS 同样假设 $p(y \mid \boldsymbol{x};\boldsymbol{\theta})$ 为最大熵模型，而目标函数为

$$T(\boldsymbol{\theta}) = \sum_{i,j} d_{\boldsymbol{x}_i}^{y_j} \sum_k \theta_{y_j,k} g_k(\boldsymbol{x}_i) - \sum_i \ln \sum_j \exp\left(\sum_k \theta_{y_j,k} g_k(\boldsymbol{x}_i) \right)$$

$$(2.50)$$

考虑在参数向量 $\boldsymbol{\theta}^{(l)}$ 上的二阶泰勒展开式 $T'(\boldsymbol{\theta}) = -T(\boldsymbol{\theta})$：

$$T'(\boldsymbol{\theta}^{(l+1)}) \approx T'(\boldsymbol{\theta}^{(l)}) + \nabla T'(\boldsymbol{\theta}^{(l)})^{\mathrm{T}} \Delta + \frac{1}{2} \Delta^{\mathrm{T}} H(\boldsymbol{\theta}^{(l)}) \Delta$$

$$(2.51)$$

其中 $\Delta = \boldsymbol{\theta}^{(l+1)} - \boldsymbol{\theta}^{(l)}$ 是更新步长，$\nabla T'(\boldsymbol{\theta}^{(l)})$ 和 $H(\boldsymbol{\theta}^{(l)})$ 分别是 $T'(\boldsymbol{\theta})$ 在 $\boldsymbol{\theta}^{(l)}$ 处的梯度和黑塞矩阵。式 (2.51) 的最小化解为

$$\Delta^{(l)} = -H^{-1}(\boldsymbol{\theta}^{(l)}) \nabla T'(\boldsymbol{\theta}^{(l)}) \qquad (2.52)$$

用下式来更新参数向量：

$$\boldsymbol{\theta}^{(l+1)} = \boldsymbol{\theta}^{(l)} + \alpha^{(l)} p^{(l)} \qquad (2.53)$$

BFGS 方法是通过一个迭代矩阵 B 估算逆矩阵，从而避免了直接计算逆矩阵：

$$B^{(l+1)} = (I - \boldsymbol{\rho}^{(l)} s^{(l)} (u^{(l)})^{\mathrm{T}}) B^{(l)} (I - \boldsymbol{\rho}^{(l)} u^{(l)} (s^{(l)})^{\mathrm{T}}) + \boldsymbol{\rho}^{(l)} s^{(l)} (s^{(l)})^{\mathrm{T}}$$

$$(2.54)$$

其中 $s^{(l)} = \boldsymbol{\theta}^{(l+1)} - \boldsymbol{\theta}^{(l)}$，$u^{(l)} = \nabla T'(\boldsymbol{\theta}^{(l+1)}) - \nabla T'(\boldsymbol{\theta}^{(l)})$，且 $\boldsymbol{\rho}^{(l)} = \frac{1}{s^{(l)} u^{(l)}}$。BFGS 的计算是将目标函数的优化与一阶梯度函数相关联，可由下式得到：

$$\frac{\partial T'(\boldsymbol{\theta})}{\partial \theta_{y_j,k}} = \sum_i \frac{\exp\left(\sum_k \theta_{y_j,k} g_k(\boldsymbol{x}_i)\right) g_k(\boldsymbol{x}_i)}{\sum_j \exp\left(\sum_k \theta_{y_j,k} g_k(\boldsymbol{x}_i)\right)} - \sum_i d_{\boldsymbol{x}_i}^{y_j} g_k(\boldsymbol{x}_i)$$

(2.55)

2.3.3 评价指标

在标记分布学习问题中，由于输出的是一个标记分布，不同于单标记学习和多标记学习的输出，因此，传统的单标记学习或多标记学习的评价指标无法直接用于标记分布学习算法的性能评价。一种自然的评价指标是预测标记分布和真实标记分布之间的距离或相似度。幸运的是，在已有研究工作中存在不少可以借鉴的分布间距离或相似度的度量标准。对于一个特定的数据集，每个评价指标也许只能反映算法某个方面的情况，很难说哪种评价指标是最好的。因此，在对比不同的标记分布学习算法时，需要使用多个评价指标，类似于多标记学习算法评价中的做法。

LDL 选取了 6 种既典型又多样的评价指标，分别为 Chebyshev 距离（Chebyshev）、Clark 距离（Clark）、Canberra 距离（Canberra）、Kullback-Leibler 散度（KL）、余弦相关系数（Cosine）和交叉相似度（Intersection）。其中，前四个指标是距离指标，后两个是相似度指标。它们分别来自闵可夫斯基族（Minkowski family）、χ^2 族、L_1 族、香农熵族（Shannon's entropy family）、内积族和交集族（intersection family）。假设真实标记分布为 $\boldsymbol{d} = [d_1, d_2, \cdots, d_c]$，恢复出的标记分布为 $\hat{\boldsymbol{d}} = [\hat{d}_1, \hat{d}_2, \cdots, \hat{d}_c]$，那么 6 种度量的形式见表 2.1，其中距离度量的"↓"表示"越小越好"，相似度度量中的"↑"表示"越大越好"。

表 2.1　6 种标记分布学习评价指标

度量	公式
Chebyshev ↓	$\text{Dis}_1(\boldsymbol{d}, \hat{\boldsymbol{d}}) = \max_j \mid d_j - \hat{d}_j \mid$
Clark ↓	$\text{Dis}_2(\boldsymbol{d}, \hat{\boldsymbol{d}}) = \sqrt{\sum_{j=1}^{c} \frac{(d_j - \hat{d}_j)^2}{(d_j + \hat{d}_j)^2}}$
Canberra ↓	$\text{Dis}_3(\boldsymbol{d}, \hat{\boldsymbol{d}}) = \sum_{j=1}^{c} \frac{\mid d_j - \hat{d}_j \mid}{d_j + \hat{d}_j}$
Kullback–Leibler ↓	$\text{Dis}_4(\boldsymbol{d}, \hat{\boldsymbol{d}}) = \sum_{j=1}^{c} d_j \ln \frac{d_j}{\hat{d}_j}$
Cosine ↑	$\text{Sim}_1(\boldsymbol{d}, \hat{\boldsymbol{d}}) = \frac{\sum_{j=1}^{c} d_j \hat{d}_j}{\sqrt{\sum_{j=1}^{c} d_j^2} \sqrt{\sum_{j=1}^{c} \hat{d}_j^2}}$
Intersection ↑	$\text{Sim}_2(\boldsymbol{d}, \hat{\boldsymbol{d}}) = \sum_{j=1}^{c} \min(d_j, \hat{d}_j)$

2.4　标记增强

标记分布通过连续的描述度来显式表达各标记对于数据

对象的相关程度并覆盖所有可能的标记，从而使得标记与对象的关系以及标记间的关系都能通过描述度值及排序而明确表达和利用。因此，对于多义性对象而言，标记分布比逻辑标记更接近其监督信息的本质。值得注意的是，标记分布中的描述度 $d_{x_i}^y$ 并不是指类别标记 y 描述示例 x_i 的概率，而是 y 对 x_i 的描述程度在所有类别标记里所占比例。因此，标记分布与以往研究中的概率标记[47-49] 有所区别：概率标记面向单义对象，在无法直接确定该对象的正确标记的情况下用概率进行描述。

从概念上看，标记分布的描述度与模糊分类中的隶属度（membership）也不一样。隶属度反映的是部分真实（partial truth）的状态，其变化范围为完全的正确到完全的错误。而描述度表示类别标记对示例的部分表示，但完全正确。幸运的是，虽然隶属度的概念与描述度完全不同，但是一些产生隶属度的方法[25-26] 却可以用来产生标记分布。值得注意的是，虽然某些算法的输出并不满足 $d_{x_i}^y \in [0,1]$ 且 $\sum_y d_{x_i}^y = 1$，但都是对标记差异程度的表示，因此可通过某些映射产生标记分布（例如可通过 softmax 映射到标记分布空间）。另一方面，为了方便处理某些具体任务，标记分布也可以通过映射进行扩展[28]，而不仅限于 $d_{x_i}^y \in [0,1]$ 且 $\sum_y d_{x_i}^y = 1$。

正如 1.2 节中所述，在标记增强这一概念提出之前，存在一些工作，尽管它们的应用背景和具体目标不尽相同，也并非以标记增强为直接目标，却可以用来实现（有些方法需要经过部分改造）标记增强功能。这些算法可分为三种类型，分别是基于先验知识的标记增强、基于模糊方法的标记增强和基于图模型的标记增强。本节剩余部分分别阐述这三种类型中典型的标记增强算法。

2.4.1　基于先验知识的标记增强

基于先验知识的标记增强算法建立在对数据本身特点有较为深入的理解的基础之上，完全依靠先验知识直接将逻辑标记增强为标记分布，或者部分引入先验知识，在此基础上通过挖掘隐含的标记间相关性将逻辑标记增强为标记分布。本小节介绍两种基于先验知识的标记增强算法，分别是基于先验分布的标记增强算法和基于自适应先验分布的标记增强算法。

在某些特定的应用中，人们根据对数据的了解，可以预先知道每个示例应满足的标记分布的参数模型，这种含参标记分布模型就称为先验分布。一旦利用逻辑标记以及一些启发式方法确定了这种模型中的参数，就可以为每个示例生成相应的标记分布。例如，在头部姿态估计[12] 中，示例 x 表示人脸图像，姿态 y 是一个由俯仰角和偏航角构成的二维向量，训练集是单标记数据，即一个 x 对应一个姿态 y，则 x 的逻辑标记 l 满足 $\sum_{j=1}^{c} l_{x_i}^{y_j} = 1$ 且 $l_i \in \{0,1\}^c$。文献［12］中提出的标记增强算法假设逻辑标记 l 只是给出了一个"粗糙的"真实姿态 $\hat{y}$。值得指出的是，尽管在该例子中原始训练集是一个单标记数据集，但是在"粗糙姿态"的假设下，文献［12］实际上将该数据看成一个多标记数据集，即可由给定单标记姿态周边的多个姿态一起共同描述同一个示例。那么，根据头部姿态连续渐变的先验知识，可以假设 $\hat{y}$ 对应的描述度是潜在标记分布中最大的描述度，而姿态 $\hat{y}$ 的相邻姿态 $\widetilde{y}$ 的描述度 $d^{\widetilde{y}}$ 接近 $d^{\hat{y}}$ 但小于 $d^{\hat{y}}$，并且随着 $\widetilde{y}$ 与 $\hat{y}$ 的距离增大，$d^{\widetilde{y}}$ 呈逐渐减小的趋势。该算法假设标记分布 d 服从一种满足上述条件的典型分布，即离散二维正态分布：

$$d_x^y = \frac{1}{2\pi\sqrt{|\mathbf{\Sigma}|}Z}\exp\left(-\frac{1}{2}(y-\hat{y})^T\mathbf{\Sigma}^{-1}(y-\hat{y})\right) \quad (2.56)$$

其中 Z 是规范化因子，保证 $\sum_y d_x^y = 1$，$\mathbf{\Sigma}$ 是预先给定的协方差矩阵（可通过启发式方法确定）。该分布完全是基于关于数据本身的先验知识，由一个表示粗糙真实姿态的单标记生成的离散二维高斯标记分布。该方法依赖于算法设计者对数据本身的深入理解。如果这种理解与事实相符，则可能获得不错的效果，并且实现起来方便高效。然而，一旦对数据的理解有所偏差，则标记增强后的结果往往并不理想。

上述的标记增强算法完全依靠先验知识直接将逻辑标记增强为标记分布。这一做法过于依赖先验知识，在许多对数据的了解不够充分的情况下，其生成的标记分布不一定能够真实反映数据本身的特点。为了解决上述问题，Geng 等人[50] 以人脸年龄估计为应用背景，在引入先验分布的前提下，通过自适应方法确定先验分布中的参数，从而将逻辑标记转化为标记分布。具体地，示例 x 表示人脸图像，标记 y 表示年龄，训练集是单标记数据，即一张人脸图像对应唯一的年龄。由于年龄越接近的人脸越相似，可以设想对一幅人脸图像来说，其真实年龄的描述度最高，相邻年龄的描述度向两边逐渐降低。这样，与头部姿态估计的例子类似，尽管这里原始训练集是一个单标记数据集，但是根据相邻年龄相似性假设，文献［50］实际上将该数据看成一个多标记数据集，即可由给定单标记年龄相邻的多个年龄一起共同描述同一个示例。据此先验知识，可以假设 x 的标记分布 d 满足离散正态分布：

$$d^y = \frac{1}{\sigma \sqrt{2\pi} Z} \exp\left(-\frac{(y-\alpha)^2}{2\sigma^2}\right) \tag{2.57}$$

其中，Z 为 d^y 的归一化因子，α 是真实年龄。式（2.57）中唯一需要进一步确定的参数 σ 为正态分布的标准差。文献［50］中计算参数 σ 的自适应方法为：①设定 σ 的初值 σ^0；②通过式（2.57）计算标记分布；③使用标记分布学习算法训练模型并预测训练样本的标记分布，计算真实标记和预测标记（即分布中描述度最高的标记）的平均绝对误差，然后筛选误差较小的样本集用以更新 σ；④通过求解一个非线性规划问题，用选出的样本集计算最优的 σ，使得由 σ 生成的分布和步骤③中预测分布的平均绝对误差最小。算法重复步骤②、③、④，直到训练样本的真实标记和预测标记的平均绝对误差小于预设阈值，最终确定式（2.57）中的参数 σ。通过上述自适应方法确定了先验分布的参数后，即可直接通过式（2.57）计算标记分布。基于自适应先验分布的标记增强算法部分引入先验知识，通过自适应的方法，从训练样本中学习得到先验分布的参数，进而将每个示例的逻辑标记转化为相应的标记分布。这类方法部分依赖先验知识，部分依赖从样例中学习，因此相较完全依赖先验知识的方法更能有效利用隐藏在训练数据中的标记间相关性。正如文献［50］中的实验所报告的结果，一般情况下，基于自适应先验分布的标记增强算法效果要优于完全依赖先验分布的标记增强算法。

2.4.2　基于模糊方法的标记增强

基于模糊方法的标记增强利用模糊数学的思想，通过模糊聚类、模糊运算和核隶属度等方法，挖掘出标记间相关信息，将逻辑标记转化为标记分布。值得注意的是，这类方法提出的目的一般是为了将模糊性引入原本刚性的逻辑标记，而并未明确其可以将逻辑标记增强为标记分布。但是，很多模糊标记增强方法实际上可以基于模糊隶属度轻松生成标记分布。本小节介绍两种基于模糊方法的标记增强算法，分别是基于模糊聚类的标记增强算法和基于核隶属度的标记增强算法。

基于模糊聚类的标记增强[25] 通过模糊 C-均值聚类（Fuzzy C-Means Algorithm，简记为 FCM）[51] 和模糊运算，将训练集中每个示例的逻辑标记转化为相应的标记分布，从而得到标记分布训练集。FCM 是用隶属度确定每个数据点属于某个聚类的程度的一种聚类算法，该算法把 n 个样本分为 p 个模糊聚类，并求每个聚类的中心，使得所有训练样本到聚类中心的加权（权值由样本点对相应聚类的隶属度决定）距离之和最小。假设 FCM 将训练集 $\mathcal{S}$ 分成 p 个聚类，$\boldsymbol{\mu}_k$ 表示第 k 个聚类的中心，则可用如下公式计算示例 $\boldsymbol{x}_i$ 对于每个聚类的隶属度 $\boldsymbol{m}_{\boldsymbol{x}_i} = [m_{\boldsymbol{x}_i}^1, m_{\boldsymbol{x}_i}^2, \cdots, m_{\boldsymbol{x}_i}^p]$ ：

$$m_{\boldsymbol{x}_i}^k = \frac{1}{\sum_{j=1}^p \left(\frac{\mathrm{Dis}(\boldsymbol{x}_i, \boldsymbol{\mu}_k)}{\mathrm{Dis}(\boldsymbol{x}_i, \boldsymbol{\mu}_j)}\right)^{\frac{1}{\beta-1}}} \quad (2.58)$$

其中，Dis 是任意的距离度量，β 是模糊因子，且满足 $\beta>1$。得到 $\boldsymbol{m}_{\boldsymbol{x}_i}$ 后，进一步构建一个关联矩阵 $\boldsymbol{A}$。首先初始化一个 $c \times p$ 的零矩阵 $\boldsymbol{A}$，然后用如下公式更新 $\boldsymbol{A}$ 的第 j 行 $\boldsymbol{A}_j$：

$$\boldsymbol{A}_j = \boldsymbol{A}_j + \boldsymbol{m}_{\boldsymbol{x}_i}, \quad l_{\boldsymbol{x}_i}^{y_j} = 1 \quad (2.59)$$

即 $\boldsymbol{A}_j$ 为所有属于第 j 个类的样本的隶属度向量之和。经过行归一化后得到的矩阵 $\boldsymbol{A}$ 可以被当作一个"模糊关系"矩阵，即 $\boldsymbol{A}$ 中的元素 a_{jk} 表示了第 j 个类别（标记）与第 k 个聚类的关联强度。根据模糊逻辑推理机制[52]，将关联矩阵 A 与 x_i 对聚类的隶属度 m_{x_i} 进行模糊合成运算 $v_i = A \circ m_{x_i}$，从而将 x_i 对聚类的隶属度转化为对类别的隶属度。最后，对隶属度向量 v_i 进行归一化，使向量中元素的和为 1，即得到标记分布 d_i。基于模糊聚类的标记增强算法利用模糊聚类过程中产生的示例对每个聚类的隶属度，通过类别和聚类的关联矩阵，将示例对聚类的隶属度转化为对类别的隶属度，从而生成标记分布。在这一过程中，模糊聚类反映了示例空间的拓扑关系，而通过关联矩阵，将这种关系转化到标记空间，从而有可能使得简单的逻辑标记产生更丰富的语义，转变为标记分布。

基于核隶属度的标记增强方法源于一种模糊支持向量机中核隶属度的生成过程[26]，通过一个非线性映射函数将示例 x_i 映射到高维空间，利用核函数计算该高维空间中正类的中心、半径和各示例 x_i 到正类中心的距离，进而通过隶属度函数计算示例 x_i 的标记分布。具体地，对于训练集 S 和某个标记 y_j，根据 y_j 的逻辑值，将 S 分为两个集合，其中 x_i 的逻辑标记 $l_{x_i}^{y_j} = 1$ 的集合用 $C_+^{y_j}$ 表示。那么，正类集合在特征空间的中心为 $\Psi_+^{y_j} = \dfrac{1}{n_+} \sum\limits_{x_i \in C_+^{y_j}} \varphi(x_i)$，这里 n_+ 表示该集合中示例的数量，$\varphi(x_i)$ 是一个非线性映射函数，由核函数 $K(x_i, x_j) = \varphi(x_i) \cdot \varphi(x_j)$ 确定。该集合的半径定义为

$r_+ = \max \| \boldsymbol{\Psi}_+^{y_j} - \varphi(\boldsymbol{x}_i) \|$，集合中的 $\boldsymbol{x}_i$ 到中心的距离是 $d_{i+} = \| \varphi(\boldsymbol{x}_i) - \boldsymbol{\Psi}_+^{y_j} \|$。那么，$\boldsymbol{x}_i$ 对于标记 y_j 的隶属度为

$$m_{\boldsymbol{x}_i}^{y_j} = \begin{cases} 1 - \sqrt{\dfrac{d_{i+}^2}{(r_+^2 + \delta)}}, & l_{\boldsymbol{x}_i}^{y_j} = 1 \\ 0, & l_{\boldsymbol{x}_i}^{y_j} = 0 \end{cases} \qquad (2.60)$$

其中 $\delta > 0$，涉及 $\varphi(\boldsymbol{x}_i)$ 的计算均可以由核函数 $K(\boldsymbol{x}_i, \boldsymbol{x}_j)$ 间接计算。最后，将 $m_{\boldsymbol{x}_i}^{y_j}$ 归一化，即可得到 $\boldsymbol{x}_i$ 的标记分布 $\boldsymbol{d}_i$。基于核隶属度的标记增强算法利用核技巧在高维空间中计算示例对每个类别的隶属度，从而能够挖掘训练数据中类别标记间较为复杂的非线性关系。

2.4.3 基于图的标记增强

基于图的标记增强算法用图模型表示示例间的拓扑结构，通过引入一些模型假设，建立示例间相关性与标记间相关性之间的关系，进而将示例的逻辑标记增强为标记分布。本小节介绍两种基于图模型的标记增强算法，分别是基于标记传播的标记增强算法和基于流形的标记增强算法。

基于标记传播的标记增强[27] 将半监督学习[53] 中的标记传播技术应用于标记增强中。该方法首先根据示例间相似度构建一个图，然后根据图中的拓扑关系在示例间传播标记。由于标记的传播会受到路径上权值的影响，会自然形成不同标记的描述度差异。当标记传播收敛时，每个示例的原

有逻辑标记即可增强为标记分布。具体地，假设多标记训练集 $\mathcal{S}$ 中 $G=\langle V,E\rangle$ 表示以 $\mathcal{S}$ 中的示例为顶点的全连通图，其中 V 表示顶点的集合，E 表示顶点两两之间的边的集合，$\boldsymbol{x}_i$ 与 $\boldsymbol{x}_j$ 之间的边上的权值为它们之间的相似度：

$$a_{ij}=\begin{cases}\exp\left(-\dfrac{\|\boldsymbol{x}_i-\boldsymbol{x}_j\|^2}{2}\right), & i\neq j\\ 0, & i=j\end{cases} \tag{2.61}$$

所有边的权值构成相似度矩阵 $\boldsymbol{A}=[a_{ij}]_{n\times n}$。标记传播矩阵 $\boldsymbol{P}$ 由相似度矩阵计算而来：$\boldsymbol{P}=\hat{\boldsymbol{A}}^{-\frac{1}{2}}\boldsymbol{A}\hat{\boldsymbol{A}}^{-\frac{1}{2}}$，其中 $\hat{\boldsymbol{A}}$ 是一个对角矩阵，其中 $\hat{a}_{ii}=\sum_{j=1}^{n}a_{ij}$。假设所有标记对所有示例的描述度构成一个描述度矩阵 $\boldsymbol{F}$，该算法使用迭代方法不断更新 $\boldsymbol{F}$。$\boldsymbol{F}$ 的初始值 $\boldsymbol{F}^0=\boldsymbol{\Phi}=[\phi_{ij}]_{n\times c}$ 由示例 $\boldsymbol{x}_i$ 的逻辑标记构成，即 $\forall_{i=1}^{n}\forall_{j=1}^{c}:\phi_{ij}=l_{\boldsymbol{x}_i}^{y_j}$。在此基础上，使用标记传播对描述度矩阵进行更新：

$$\boldsymbol{F}^{(t)}=\alpha\boldsymbol{P}\boldsymbol{F}^{(t-1)}+(1-\alpha)\boldsymbol{\Phi} \tag{2.62}$$

其中，α 是平衡参数，控制了初始的逻辑标记和标记传播对最终描述度的影响程度。经过迭代，最终 $\boldsymbol{F}$ 收敛到 $\boldsymbol{F}^*=(1-\alpha)(\boldsymbol{I}-\alpha\boldsymbol{P})^{-1}\boldsymbol{\Phi}$。经过归一化处理 $\forall_{i=1}^{n}\forall_{j=1}^{c}:d_{\boldsymbol{x}_i}^{y_j}=\dfrac{f_{ij}^*}{\sum_{k=1}^{c}f_{ik}^*}$，即得到示例 $\boldsymbol{x}_i$ 的标记分布 $\boldsymbol{d}_i$。基于标记传播的标记增强算法通过图模型表示示例间的拓扑结构，构造了基于示例间相关性

的标记传播矩阵，利用传播过程中路径权值的不同使得不同标记的描述度自然产生差异，从而反映出蕴含在训练数据中的标记间关系。

基于流形的标记增强算法[28]假设数据在特征空间和标记空间均分布在某种流形上，并利用平滑假设将两个空间的流形联系起来，从而可以利用特征空间流形的拓扑关系指导标记空间流形的构建，在此基础上将示例的逻辑标记增强为标记分布。具体地，该算法用图 $G = \langle V, E, W \rangle$ 表示多标记训练集 S 的特征空间的拓扑结构，其中 V 是由示例构成的顶点集合，E 是边的集合，W 是图的边权重矩阵。首先，在特征空间中，假设示例分布的流形满足局部线性，即任意示例 x_i 可以由它的 k-近邻的线性组合重构，重构权值矩阵 W 可通过最小化下式得到：

$$\Omega(W) = \sum_{i=1}^{n} \left\| x_i - \sum_{j \neq i} w_{ij} x_j \right\|^2 \qquad (2.63)$$

其中，$\sum_{j=1}^{n} w_{ij} = 1$。如果 x_j 不是 x_i 的 k-近邻，那么 $w_{ij} = 0$。通过平滑假设[54]，即特征相似的示例的标记也很可能相似，可将特征空间的拓扑结构迁移到标记空间中，即共享同样的局部线性重构权值矩阵 W。这样，标记空间的标记分布可由最小化下式得到：

$$\begin{cases} \Psi(\hat{d}) = \sum_{i=1}^{n} \left\| \hat{d}_i - \sum_{j \neq i} w_{ij} \hat{d}_j \right\|^2 \\ \text{s. t.} \quad d_{x_i}^{y_i^l} l_{x_i}^{y_i^l} > \lambda, \ \forall\, 1 \leqslant i \leqslant n, 1 \leqslant j \leqslant c \end{cases} \qquad (2.64)$$

其中，$\lambda > 0$ 是个预先设定的参数。值得指出的是，为了方便构建上述约束条件，文献［28］中定义的逻辑标记 $l_i \in \{-1, 1\}^c$，而不是其他方法中常用的 $l_i \in \{0,1\}^c$，但两者本质上并没有区别。这样，约束条件 $d^{y_l}_{x_i} l^{y_l}_{x_i} > \lambda$ 可以确保 d_{x_i} 与 $l^{y_l}_{x_i}$ 同号。通过求解上述二次规划问题确定 $\hat{d}_i$ 后，经过归一化即可得到标记分布 d_i，进而得到标记分布训练集。基于流形的方法通过重构特征空间和标记空间的流形，利用平滑假设，将特征空间的拓扑关系迁移到标记空间中，建立示例间相关性与标记间相关性之间的关系，从而将逻辑标记增强为标记分布。

第 3 章

标记增强理论框架

3.1 引言

在大多数应用中，数据由逻辑标记标注，缺乏完整的标记分布信息，这是因为逐个考量标记对示例的描述度代价高昂，而且每个标记的描述度也往往没有客观的量化标准。尽管如此，这些数据中的监督信息本质上却是遵循某种标记分布的。这种标记分布是对标记信息更为本质的表示，虽然没有显式给出，却隐式地蕴含于训练样本中。标记增强能够将隐含于训练样本中的标记分布恢复出来，将逻辑标记"增强"为包含更多类别监督信息的标记分布。标记增强是一种全新的概念，有别于传统机器学习方法，标记增强可以看作对数据的一种预处理过程。因此，标记增强的本质问题亟待解答：即标记增强所需的类别信息从何而来？标记增强的结果如何评价？标记增强为何有效？本章对标记增强的本质问题进行了研究，主要贡献包括以下三个方面：

- 对标记分布的内在生成进行机制研究，解释了标记增强所需的类别信息来源。本章采用概率图模型来描述标记分布的生成机制，将标记分布视为一种隐变量，而逻辑标记是由标注者通过观测标记分布产生的观测变量。通过构建观测与推断的概率模型，利用变分推断[55]对标记分布的生成机制给出理论解释。

- 提出标记分布的质量评价方法，解决了如何评价标记增强的结果这一问题。本章通过对观测模型建模，得到了标记分布评价指标，该指标不依赖真实标记分布，因此能够在缺少真实标记分布的情况下对标记增强算法产生的标记分布进行质量评价。

- 研究标记增强对后续分类器泛化性能的提升机制，解释了标记增强为何有效。虽然目前已经存在一些工作[27-28]在实验中证明了通过标记增强可以提升后续分类器效果，然而却缺乏理论解释。本章从分类器的泛化误差出发，证明了标记增强后的分类器的泛化误差小于标记增强前的泛化误差，从理论上解释了为何标记增强可以提升后续分类器效果。

本章在理论层面建立起了标记增强的基本框架，揭示了其内在机制和工作原理。大量数据集上进行的实验验证了该理论框架。

3.2 标记分布内在生成机制

如前所述，标记分布可看作对多义性对象类别监督信息更为本质的表达，但由于标注代价高昂或量化困难等原因，标记分布在训练集中常常并未显式给出，而代之以更为简单的逻辑标记。此时，可以将标记分布视为一种隐变量，而逻辑标记是由标注者通过观测标记分布产生的观测变量。假设标记分布用 d 表示，逻辑标记用 l 表示，则观测变量 l 产生的条件概率为 $P(l \mid d)$，而后验概率 $P(d \mid l)$ 却无法直接得到。因此，本书采用如图 3.1 所示的概率图模型来描述标记分布的生成机制，其中白色圆形表示隐变量 d，灰色圆形表示观测变量 l，实线表示观测变量的产生过程，虚线表示隐变量的推断过程，θ 和 ϕ 分别是这两个过程中的模型参数，圆角矩形表示按照该模型采样 n 次，n 为训练集中的样本个数。

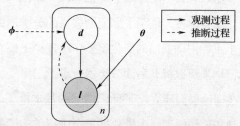

图 3.1 标记分布生成机制的概率图模型

假设 d 的先验概率密度为 $p(d)$，根据上述模型，观测到变量 l 的概率密度为 $p(d)p(l|d)$。可以采用一个多层感知机对 $p_\theta(l|d)$ 建模，但作为模型输入的 d 是潜在的隐变量，无法直接得到其后验概率密度 $p(d|l)$。因此，拟构造参数为 ϕ 的另一个多层感知机 $q_\phi(d|l)$，用其近似 $p(d|l)$，进而依据该后验概率密度函数采样生成 d，然后作为 $p_\theta(l|d)$ 的输入。通过变分推断（variational inference）[55] 可对上述模型进行优化，最终使得 $q_\phi(d|l)$ 能够近似收敛到真实后验概率密度函数 $p(d|l)$，即该模型推断出了 d 的后验概率密度函数，通过对该后验概率密度函数多次采样取平均得到 d，至此即对标记分布的产生机制给出理论解释。

具体地，为了推断出 d 的后验概率密度函数，需要推导出变分经验下界（empirical lower bound）[55]。首先从 $p(d|l)$ 与 $q(d|l)$ 的 KL 散度（Kullback-Leibler divergence）定义出发：

$$\mathrm{KL}(q(d|l)\|p(d|l)) = \mathbb{E}_{q(d|l)}[\log q(d|l) - \log p(d|l)]$$

$$(3.1)$$

利用贝叶斯公式将式（3.1）展开：

$$\mathrm{KL}(q(d|l)\|p(d|l))$$
$$= \mathbb{E}_{q(d|l)}[\log q(d|l) - \log p(l|d) - \log p(d)] + \log p(l)$$

$$(3.2)$$

整理后可得到下式：

$$\log p(l) - \mathrm{KL}(q(d \mid l) \| p(d \mid l)) \tag{3.3}$$
$$= -\mathrm{KL}(Q(d \mid l) \| p(d)) + \mathbb{E}_{q(d \mid l)}[\log p(l \mid d)]$$

我们的目标是最小化 $\mathrm{KL}(q(d \mid l) \| p(d \mid l))$，使得 $q_\phi(d \mid l)$ 能够近似真实后验概率密度函数 $p(d \mid l)$。因为 $\mathrm{KL}(q(d \mid l) \| p(d \mid l))$ 非负，所以只需要最大化式（3.3）中等号右边的式子即可。因此，可得到变分经验下界：

$$L(l; \boldsymbol{\theta}, \boldsymbol{\phi}) = -\mathrm{KL}(q_\phi(d \mid l) \| p(d)) + \mathbb{E}_{q_\phi(d \mid l)}[\log p_\theta(l \mid d)] \tag{3.4}$$

式（3.4）提供了同时优化观测模型与推断模型参数 $\boldsymbol{\theta}$ 和 $\boldsymbol{\phi}$ 的目标函数。

为了最大化关于参数 $\boldsymbol{\theta}$ 和 $\boldsymbol{\phi}$ 的目标函数（3.4），首先需要明确 $p(d)$ 和 $q(d \mid l)$ 的分布形式。如 2.4 节所述，将标记分布的描述度拓展到实数范围，即 $d \in R^c$，则可以假设先验概率 $p(d)$ 满足标准正态分布 $\mathcal{N}(\mathbf{0}, \boldsymbol{I})$，即

$$\mathcal{N}(d \mid \mathbf{0}, \boldsymbol{I}) = \frac{1}{\sqrt{(2\pi)^c}} \exp\left(-\frac{1}{2} d^\top d\right) \tag{3.5}$$

其中 c 表示标记分布 d 的维度。同样的，假设 $q(d \mid l)$ 满足正态分布 $\mathcal{N}(\boldsymbol{\mu}, \boldsymbol{\Sigma})$，即

$$\mathcal{N}(d \mid \boldsymbol{\mu}, \boldsymbol{\Sigma}) = \frac{1}{\sqrt{(2\pi)^c |\boldsymbol{\Sigma}|}} \exp\left(-\frac{1}{2}(d - \boldsymbol{\mu})^\top \boldsymbol{\Sigma}^{-1}(d - \boldsymbol{\mu})\right) \tag{3.6}$$

其中 $\boldsymbol{\mu}$ 为均值，$\boldsymbol{\Sigma}$ 为协方差矩阵。在这样的假设前提下，我们对 $q(\boldsymbol{d}\,|\,\boldsymbol{l})$ 与 $p(\boldsymbol{d})$ 的 KL 散度进行推导：

$$\mathrm{KL}(q(\boldsymbol{d}\,|\,\boldsymbol{l})\,\|\,p(\boldsymbol{d}))$$

$$=\mathbb{E}_{q(d|l)}\left[\log q(\boldsymbol{d}\,|\,\boldsymbol{l})-\log p(\boldsymbol{d})\right]$$

$$=\frac{1}{2}\mathbb{E}_{q(d|l)}\left[-\log|\boldsymbol{\Sigma}|-(\boldsymbol{d}-\boldsymbol{\mu})^{\top}\boldsymbol{\Sigma}^{-1}(\boldsymbol{d}-\boldsymbol{\mu})+\boldsymbol{d}^{\top}\boldsymbol{d}\right]$$

$$=-\frac{1}{2}\log|\boldsymbol{\Sigma}|-\frac{1}{2}\mathbb{E}_{q(d|l)}\left[\mathrm{tr}(\boldsymbol{\Sigma}^{-1}(\boldsymbol{d}-\boldsymbol{\mu})(\boldsymbol{d}-\boldsymbol{\mu})^{\top})\right]+$$

$$\quad\frac{1}{2}\mathbb{E}_{q(d|l)}\left[\mathrm{tr}(\boldsymbol{d}\boldsymbol{d}^{\top})\right]$$

$$=-\frac{1}{2}\log|\boldsymbol{\Sigma}|-\frac{1}{2}\mathrm{tr}\left[\mathbb{E}_{q(d|l)}(\boldsymbol{\Sigma}^{-1}(\boldsymbol{d}-\boldsymbol{\mu})(\boldsymbol{d}-\boldsymbol{\mu})^{\top})\right]+$$

$$\quad\frac{1}{2}\mathrm{tr}\left[\mathbb{E}_{q(d|l)}(\boldsymbol{d}\boldsymbol{d}^{\top})\right]$$

$$=-\frac{1}{2}\log|\boldsymbol{\Sigma}|-\frac{1}{2}\mathrm{tr}\left[\boldsymbol{\Sigma}^{-1}\mathbb{E}_{q(d|l)}((\boldsymbol{d}-\boldsymbol{\mu})(\boldsymbol{d}-\boldsymbol{\mu})^{\top})\right]+$$

$$\quad\frac{1}{2}\mathrm{tr}\left[\mathbb{E}_{q(d|l)}((\boldsymbol{d}-\boldsymbol{\mu})(\boldsymbol{d}-\boldsymbol{\mu})^{\top}+\boldsymbol{d}\boldsymbol{\mu}^{\top}+\boldsymbol{\mu}\boldsymbol{d}^{\top}-\boldsymbol{\mu}\boldsymbol{\mu}^{\top})\right]$$

$$=-\frac{1}{2}\log|\boldsymbol{\Sigma}|-\frac{1}{2}\mathrm{tr}\left[\boldsymbol{\Sigma}^{-1}\boldsymbol{\Sigma}\right]+\frac{1}{2}\mathrm{tr}\left[(\boldsymbol{\Sigma}+\boldsymbol{\mu}^{\top}\boldsymbol{\mu})\right]$$

$$=\frac{1}{2}\{\mathrm{tr}(\boldsymbol{\Sigma})+\boldsymbol{\mu}^{\top}\boldsymbol{\mu}-\log|\boldsymbol{\Sigma}|-c\} \tag{3.7}$$

我们使用参数为 $\boldsymbol{\phi}$ 的 MLP 对 $\boldsymbol{\mu}$ 和 $\boldsymbol{\Sigma}$ 进行建模，则式（3.4）中右侧第一项为

$$\mathrm{KL}(q_{\boldsymbol{\phi}}(\boldsymbol{d}\,|\,\boldsymbol{l})\,\|\,p(\boldsymbol{d}))$$

$$=\frac{1}{2}\{\mathrm{tr}(\boldsymbol{\Sigma}(\boldsymbol{l};\boldsymbol{\phi}))+(\boldsymbol{\mu}(\boldsymbol{l};\boldsymbol{\phi}))^{\top}\boldsymbol{\mu}(\boldsymbol{l};\boldsymbol{\phi})-\log|\boldsymbol{\Sigma}(\boldsymbol{l};\boldsymbol{\phi})|-c\}$$

$$(3.8)$$

因此，该项是可微的，且梯度$\nabla_{\boldsymbol{\phi}}[\mathrm{KL}(q_{\boldsymbol{\phi}}(\boldsymbol{d}\,|\,\boldsymbol{l})\,\|\,p(\boldsymbol{d}))]$是可计算的。

接着，考虑式（3.4）右侧的第二项$\mathbb{E}_{q_{\boldsymbol{\phi}}(\boldsymbol{d}|\boldsymbol{l})}[\log p_{\boldsymbol{\theta}}(\boldsymbol{l}\,|\,\boldsymbol{d})]$。首先考虑该项对于参数$\boldsymbol{\theta}$的梯度，因为

$$\nabla_{\boldsymbol{\theta}}\mathbb{E}_{p(z)}[f_{\boldsymbol{\theta}}(z)]=\nabla_{\boldsymbol{\theta}}\left[\int_{z}p(z)f_{\boldsymbol{\theta}}(z)\,\mathrm{d}z\right]$$

$$=\int_{z}p(z)[\nabla_{\boldsymbol{\theta}}f_{\boldsymbol{\theta}}(z)]\,\mathrm{d}z$$

$$=\mathbb{E}_{p(z)}[\nabla_{\boldsymbol{\theta}}f_{\boldsymbol{\theta}}(z)]\qquad(3.9)$$

即期望的梯度等于梯度的期望，因此可以用蒙特卡罗（Monte Carlo）估计该梯度：

$$\nabla_{\boldsymbol{\theta}}\mathbb{E}_{q_{\boldsymbol{\phi}}(\boldsymbol{d}|\boldsymbol{l})}(\log p_{\boldsymbol{\theta}}(\boldsymbol{l}\,|\,\boldsymbol{d}))=\mathbb{E}_{q_{\boldsymbol{\phi}}(\boldsymbol{d}|\boldsymbol{l})}[\nabla_{\boldsymbol{\theta}}(\log p_{\boldsymbol{\theta}}(\boldsymbol{l}\,|\,\boldsymbol{d}))]$$

$$\approx\frac{1}{L}\sum_{m=1}^{L}\nabla_{\boldsymbol{\theta}}(\log p_{\boldsymbol{\theta}}(\boldsymbol{l}\,|\,\boldsymbol{d}))\quad(3.10)$$

接着，我们考虑$\mathbb{E}_{q_{\boldsymbol{\phi}}(\boldsymbol{d}|\boldsymbol{l})}[\log p_{\boldsymbol{\theta}}(\boldsymbol{l}\,|\,\boldsymbol{d})]$对于参数$\boldsymbol{\phi}$的梯度。因为$\boldsymbol{d}$的概率密度函数也由参数$\boldsymbol{\phi}$决定。该情况下，由于

$$\nabla_{\boldsymbol{\theta}}\mathbb{E}_{p_{\boldsymbol{\theta}}(z)}[f_{\boldsymbol{\theta}}(z)]=\nabla_{\boldsymbol{\theta}}\left[\int_{z}p_{\boldsymbol{\theta}}(z)f_{\boldsymbol{\theta}}(z)\,\mathrm{d}z\right]$$

$$= \int_z \nabla_{\boldsymbol{\theta}} [p_{\boldsymbol{\theta}}(z)f_{\boldsymbol{\theta}}(z)]\,\mathrm{d}z$$

$$= \int_z f_{\boldsymbol{\theta}}(z)\,\nabla_{\boldsymbol{\theta}} p_{\boldsymbol{\theta}}(z)\,\mathrm{d}z + \int_z p_{\boldsymbol{\theta}}(z)\,\nabla_{\boldsymbol{\theta}} f_{\boldsymbol{\theta}}(z)\,\mathrm{d}z$$

$$= \int_z f_{\boldsymbol{\theta}}(z)\,\nabla_{\boldsymbol{\theta}} p_{\boldsymbol{\theta}}(z)\,\mathrm{d}z + \mathbb{E}_{p_{\boldsymbol{\theta}}(z)}[\nabla_{\boldsymbol{\theta}} f_{\boldsymbol{\theta}}(z)]$$

$$(3.11)$$

即期望的梯度不等于梯度的期望，因此无法直接使用蒙特卡罗估计该梯度。也就是说，对该网络模型进行训练时（见图3.2左边），通过 $q_{\boldsymbol{\phi}}$ 采样得到 $\boldsymbol{d}$ 的这一过程梯度无法计算，因此无法使用反向传播技术训练整个网络。为解决这一问题，我们引入重参数技巧（the reparameterization trick）[56]。具体地，$\boldsymbol{d}$ 是通过其概率密度函数 $q_{\boldsymbol{\phi}}(\boldsymbol{d}\mid\boldsymbol{l})$ 采样得到的随机变量，我们将随机形式的 $\boldsymbol{d}$ 转化为确定形式 $\boldsymbol{d}=g_{\boldsymbol{\phi}}(\boldsymbol{\epsilon},\boldsymbol{l})$，其中 $\boldsymbol{\epsilon}$ 是辅助变量且具有独立的概率密度函数 $p(\boldsymbol{\epsilon})$，$g_{\boldsymbol{\phi}}(\cdot)$ 是参数为 $\boldsymbol{\phi}$ 的向量值函数。则 $\mathbb{E}_{q_{\boldsymbol{\phi}}(d|l)}[\log p_{\boldsymbol{\theta}}(\boldsymbol{l}\mid\boldsymbol{d})]$ 可进行如下形式的变换：

$$\mathbb{E}_{q_{\boldsymbol{\phi}}(d|l)}[\log p_{\boldsymbol{\theta}}(\boldsymbol{l}\mid\boldsymbol{d})] = \int q_{\boldsymbol{\phi}}(\boldsymbol{d}\mid\boldsymbol{l})\log p_{\boldsymbol{\theta}}(\boldsymbol{l}\mid\boldsymbol{d})\,\mathrm{d}\boldsymbol{d}$$

$$= \int p(\boldsymbol{\epsilon})\log p_{\boldsymbol{\theta}}(\boldsymbol{l}\mid g_{\boldsymbol{\phi}}(\boldsymbol{\epsilon},\boldsymbol{l}))\,\mathrm{d}\boldsymbol{\epsilon}$$

$$= \mathbb{E}_{p(\boldsymbol{\epsilon})}[\log p_{\boldsymbol{\theta}}(\boldsymbol{l}\mid g_{\boldsymbol{\phi}}(\boldsymbol{\epsilon},\boldsymbol{l}))] \qquad (3.12)$$

该变换使得期望与参数 $\boldsymbol{\phi}$ 无关，因此根据式（3.9），$\mathbb{E}_{q_{\boldsymbol{\phi}}(d|l)}[\log p_{\boldsymbol{\theta}}(\boldsymbol{l}\mid\boldsymbol{d})]$ 对于参数 $\boldsymbol{\phi}$ 的梯度可以使用蒙特卡罗进行估计：

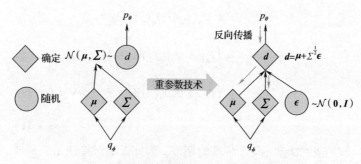

**图 3.2　通过重参数技术，可以保持采样的
情况下对网络进行反向传播**

$$\nabla_{\boldsymbol{\phi}}\mathbb{E}_{q_{\boldsymbol{\phi}}(\boldsymbol{d}|\boldsymbol{l})}\big[\log p_{\boldsymbol{\theta}}(\boldsymbol{l}\,|\,\boldsymbol{d})\big]=\nabla_{\boldsymbol{\phi}}\mathbb{E}_{p(\boldsymbol{\epsilon})}\big[\log p_{\boldsymbol{\theta}}(\boldsymbol{l}\,|\,g_{\boldsymbol{\phi}}(\boldsymbol{\epsilon},\boldsymbol{l}))\big]$$

$$=\mathbb{E}_{p(\boldsymbol{\epsilon})}\big[\nabla_{\boldsymbol{\phi}}\log p_{\boldsymbol{\theta}}(\boldsymbol{l}\,|\,g_{\boldsymbol{\phi}}(\boldsymbol{\epsilon},\boldsymbol{l}))\big]$$

$$\approx\frac{1}{L}\sum_{m=1}^{L}\nabla_{\boldsymbol{\phi}}\log p_{\boldsymbol{\theta}}(\boldsymbol{l}\,|\,g_{\boldsymbol{\phi}}(\boldsymbol{\epsilon},\boldsymbol{l}))$$

$$(3.13)$$

因为 $q(\boldsymbol{d}\,|\,\boldsymbol{l})$ 是正态分布 $\mathcal{N}(\boldsymbol{\mu}(\boldsymbol{l};\boldsymbol{\phi}),\boldsymbol{\Sigma}(\boldsymbol{l};\boldsymbol{\phi}))$，根据随机变量生成方法[57]，$\boldsymbol{d}$ 的辅助变量 $\boldsymbol{\epsilon}$ 的概率密度函数为

$$p(\boldsymbol{\epsilon})=\mathcal{N}(\boldsymbol{0},\boldsymbol{I}) \qquad (3.14)$$

向量值函数 $g_{\boldsymbol{\phi}}(\cdot)$ 为

$$g_{\boldsymbol{\phi}}(\cdot)=\boldsymbol{\mu}(\boldsymbol{l};\boldsymbol{\phi})+(\boldsymbol{\Sigma}(\boldsymbol{l};\boldsymbol{\phi}))^{1/2}\boldsymbol{\epsilon} \qquad (3.15)$$

通过重参数技术，我们将直接从 $\mathcal{N}(\boldsymbol{\mu}(\boldsymbol{l};\boldsymbol{\phi}),\boldsymbol{\Sigma}(\boldsymbol{l};\boldsymbol{\phi}))$ 的采样转换为先从 $\mathcal{N}(\boldsymbol{0},\boldsymbol{I})$ 采样 $\boldsymbol{\epsilon}\sim\mathcal{N}(\boldsymbol{0},\boldsymbol{I})$，再计算 $\boldsymbol{d}=\boldsymbol{\mu}+\boldsymbol{\Sigma}^{1/2}\boldsymbol{\epsilon}$。这样就可以将采样过程从梯度中剥离，通过反向传播技术训练整个网络，如图 3.2 右边所示。为了简化计算，我们假设

$p(\boldsymbol{l}\,|\,\boldsymbol{d})$ 服从多元伯努利（Bernoulli）分布 $\mathcal{BE}(\boldsymbol{\rho})$，即

$$p(\boldsymbol{l}\,|\,\boldsymbol{d}) = \prod_{i=1}^{c} \rho_i^{l_i}(1-\rho_i)^{(1-l_i)} \qquad (3.16)$$

我们使用参数为 $\boldsymbol{\theta}$ 的 MLP 对 $\boldsymbol{\rho}$ 建模，则可得到

$$\log p_{\boldsymbol{\theta}}(\boldsymbol{l}\,|\,\boldsymbol{d}) = \sum_{i=1}^{c} l_i\log\rho_i + (1-l_i)\log(1-\rho_i) \qquad (3.17)$$

其中 $\boldsymbol{\rho}=f(\boldsymbol{d};\boldsymbol{\theta})$。因此，目标函数中的 $\mathbb{E}_{q_{\boldsymbol{\phi}}(\boldsymbol{d}|l)}\left[\log p_{\boldsymbol{\theta}}(\boldsymbol{l}\,|\,\boldsymbol{d})\right]$ 为

$$\mathbb{E}_{q_{\boldsymbol{\phi}}(\boldsymbol{d}|l)}\left[\log p_{\boldsymbol{\theta}}(\boldsymbol{l}\,|\,\boldsymbol{d})\right] \approx \frac{1}{L}\sum_{m=1}^{L}\sum_{i=1}^{c} l_i\log\rho_i + (1-l_i)\log(1-\rho_i)$$

$$(3.18)$$

其中 $\boldsymbol{d}=\boldsymbol{\mu}(\boldsymbol{l};\boldsymbol{\phi})+(\boldsymbol{\Sigma}(\boldsymbol{l};\boldsymbol{\phi}))^{1/2}\boldsymbol{\epsilon}$，$\boldsymbol{\epsilon}\sim\mathcal{N}(\boldsymbol{0},\boldsymbol{I})$，$\boldsymbol{\rho}=f(\boldsymbol{d};\boldsymbol{\theta})$。

将式（3.7）和式（3.18）代入变分下界表达式（3.4）并取负，即得到优化模型参数 $\boldsymbol{\theta}$ 与 $\boldsymbol{\phi}$ 的目标函数

$$T(\boldsymbol{\theta},\boldsymbol{\phi}) = \frac{1}{2}\{\mathrm{tr}(\boldsymbol{\Sigma}(\boldsymbol{l};\boldsymbol{\phi})) + (\boldsymbol{\mu}(\boldsymbol{l};\boldsymbol{\phi}))^{\top}\boldsymbol{\mu}(\boldsymbol{l};\boldsymbol{\phi}) - \log|\boldsymbol{\Sigma}(\boldsymbol{l};\boldsymbol{\phi})| - c\} -$$

$$\frac{1}{L}\sum_{m=1}^{L}\sum_{i=1}^{c} l_i\log\rho_i + (1-l_i)\log(1-\rho_i)$$

$$(3.19)$$

为了引入示例的特征信息，我们可以将 $\boldsymbol{x}$ 与 $\boldsymbol{l}$ 拼成观测变量，提升效果。

算法 3.1 给出了使用随机梯度下降的优化算法，通过优化算法训练该网络后，我们即可得到观测模型参数 $\boldsymbol{\theta}$ 和推断模型参数 $\boldsymbol{\phi}$。

算法 3.1　随机梯度下降优化观测模型参数 θ 和推断模型参数 ϕ，在实验中，Minibatch 数量设定为 $M=100$，蒙特卡罗采样数量设定为 $L=1$

Input：

$\quad\mathcal{D}$：训练集 $\{(\hat{l}_i=(x_i,l_i))\mid 1\leqslant i\leqslant n\}$

Output：

$\quad\boldsymbol{\theta}$：观测模型

$\quad\boldsymbol{\phi}$：推断模型

1：$\boldsymbol{\theta}$，$\boldsymbol{\phi}\leftarrow$ 初始化；

2：**repeat**

3：$\quad\hat{L}^M\leftarrow$ 从训练集中随机抽取 M 个样本作为 Minibatch；

4：$\quad\boldsymbol{\epsilon}\leftarrow$ 通过标准正态分布随机采样；

5：$\quad g\leftarrow\nabla_{\theta,\phi}T(\boldsymbol{\theta},\boldsymbol{\phi};\hat{L}^M,\boldsymbol{\epsilon})$；

6：$\quad\boldsymbol{\theta}$，$\boldsymbol{\phi}\leftarrow$ 通过 g 更新；

7：**until** $\boldsymbol{\theta}$，$\boldsymbol{\phi}$ 收敛

8：**return** $\boldsymbol{\theta}$，$\boldsymbol{\phi}$；

3.3　标记分布质量评价

　　当数据集中存在由标注者提供的真实标记分布时，我们可以通过直接与真实标记分布比较来评价标记增强的结果。然而，标记增强面向的是以逻辑标记标注的数据，因此，我们需要在缺少真实标记分布的情况下建立一种标记分布的质量评价机制。直观地发现，越接近真实值的标记分布，其通过观测生成示例 x 和逻辑标记 l 的概率应该越大，即联合条件概率密度 $p(l,x\mid d)$ 越大。因此，构建能够计算 $p(l,x\mid d)$ 的

模型，即可得到标记分布 $\boldsymbol{d}$ 的评价函数：

$$f(\boldsymbol{d}) = p(\boldsymbol{l}, \boldsymbol{x} \mid \boldsymbol{d}) \tag{3.20}$$

首先，我们从 $p(\boldsymbol{d} \mid \boldsymbol{l}, \boldsymbol{x})$ 与 $q(\boldsymbol{d} \mid \boldsymbol{l}, \boldsymbol{x})$ 的 KL 散度定义出发：

$$\begin{aligned} &\mathrm{KL}(q(\boldsymbol{d} \mid \boldsymbol{l}, \boldsymbol{x}) \| p(\boldsymbol{d} \mid \boldsymbol{l}, \boldsymbol{x})) \\ &= \mathbb{E}_{q(\boldsymbol{d} \mid \boldsymbol{l}, \boldsymbol{x})}(\log q(\boldsymbol{d} \mid \boldsymbol{l}, \boldsymbol{x}) - \log p(\boldsymbol{d} \mid \boldsymbol{l}, \boldsymbol{x})) \end{aligned} \tag{3.21}$$

利用贝叶斯公式将式（3.21）展开，得

$$\begin{aligned} &\mathrm{KL}(q(\boldsymbol{d} \mid \boldsymbol{l}, \boldsymbol{x}) \| p(\boldsymbol{d} \mid \boldsymbol{l}, \boldsymbol{x})) \\ &= \mathbb{E}_{q(\boldsymbol{d} \mid \boldsymbol{l}, \boldsymbol{x})}(\log q(\boldsymbol{d} \mid \boldsymbol{l}, \boldsymbol{x}) - \log p(\boldsymbol{l}, \boldsymbol{x} \mid \boldsymbol{d}) - \log p(\boldsymbol{d})) + \log p(\boldsymbol{l}, \boldsymbol{x}) \end{aligned} \tag{3.22}$$

整理后可得到

$$\begin{aligned} &\log p(\boldsymbol{l}, \boldsymbol{x}) - \mathrm{KL}(q(\boldsymbol{d} \mid \boldsymbol{l}, \boldsymbol{x}) \| p(\boldsymbol{d} \mid \boldsymbol{l}, \boldsymbol{x})) \\ &= \mathbb{E}_{q(\boldsymbol{d} \mid \boldsymbol{l}, \boldsymbol{x})}(\log p(\boldsymbol{l}, \boldsymbol{x} \mid \boldsymbol{d})) - \mathrm{KL}(q(\boldsymbol{d} \mid \boldsymbol{l}, \boldsymbol{x}) \| p(\boldsymbol{d})) \end{aligned} \tag{3.23}$$

我们的目标是最小化 $\mathrm{KL}(q(\boldsymbol{d} \mid \boldsymbol{l}, \boldsymbol{x}) \| p(\boldsymbol{d} \mid \boldsymbol{l}, \boldsymbol{x}))$，使得 $q(\boldsymbol{d} \mid \boldsymbol{l}, \boldsymbol{x})$ 能够近似真实后验概率密度函数 $p(\boldsymbol{d} \mid \boldsymbol{l})$。因为 $\mathrm{KL}(q(\boldsymbol{d} \mid \boldsymbol{l}, \boldsymbol{x}) \| p(\boldsymbol{d} \mid \boldsymbol{l}, \boldsymbol{x}))$ 非负，所以只需要最大化

$$\mathbb{E}_{q(\boldsymbol{d} \mid \boldsymbol{l}, \boldsymbol{x})}(\log p(\boldsymbol{l}, \boldsymbol{x} \mid \boldsymbol{d})) - \mathrm{KL}(q(\boldsymbol{d} \mid \boldsymbol{l}, \boldsymbol{x}) \| p(\boldsymbol{d})) \tag{3.24}$$

我们分别采用模型参数为 $\boldsymbol{\eta}$ 和 $\boldsymbol{w}$ 的 MLP 对 $p(\boldsymbol{l}, \boldsymbol{x} \mid \boldsymbol{d})$ 和 $q(\boldsymbol{d} \mid \boldsymbol{l}, \boldsymbol{x})$ 建模。

假设 $q(\boldsymbol{d} \mid \boldsymbol{l}, \boldsymbol{x})$ 满足正态分布 $\mathcal{N}(\boldsymbol{\mu}(\boldsymbol{l}, \boldsymbol{x}; \boldsymbol{w}), \boldsymbol{\Sigma}(\boldsymbol{l}, \boldsymbol{x}; \boldsymbol{w}))$，这里 $\boldsymbol{\mu}$ 为均值，协方差 $\boldsymbol{\Sigma}$ 限定为对角阵，且使用参数为 $\boldsymbol{w}$ 的

MLP 对 $\boldsymbol{\mu}$ 和 $\boldsymbol{\Sigma}$ 进行建模。我们先验概率 $p(\boldsymbol{d})$ 满足标准正态分布 $\mathcal{N}(\boldsymbol{0},\boldsymbol{I})$，通过以上假设，我们可以计算式（3.24）中的 KL 散度：

$$\mathrm{KL}\big[\,\mathcal{N}(\boldsymbol{\mu}(\boldsymbol{l},\boldsymbol{x};\boldsymbol{w}),\boldsymbol{\Sigma}(\boldsymbol{l},\boldsymbol{x};\boldsymbol{w}))\,\|\,\mathcal{N}(\boldsymbol{0},\boldsymbol{I})\,\big]$$

$$=\frac{1}{2}\big\{\mathrm{tr}(\boldsymbol{\Sigma}(\boldsymbol{l},\boldsymbol{x};\boldsymbol{w}))+(\boldsymbol{\mu}(\boldsymbol{l},\boldsymbol{x};\boldsymbol{w}))^{\top}(\boldsymbol{\mu}(\boldsymbol{l},\boldsymbol{x};\boldsymbol{w}))-$$

$$k-\mathrm{logdet}(\boldsymbol{\Sigma}(\boldsymbol{l},\boldsymbol{x};\boldsymbol{w}))\big\}$$

$$(3.25)$$

通过重参数技术，可将式（3.24）中的 $\mathbb{E}_{q(\boldsymbol{d}|\boldsymbol{l},\boldsymbol{x})}(\log p(\boldsymbol{l},\boldsymbol{x}\,|\,\boldsymbol{d}))$ 通过蒙特卡罗进行估计：

$$\mathbb{E}_{q(\boldsymbol{d}|\boldsymbol{l},\boldsymbol{x})}(\log p(\boldsymbol{l},\boldsymbol{x}\,|\,\boldsymbol{d}))$$

$$\approx-\frac{1}{L}\sum_{m=1}^{L}\frac{1}{2}(\,\|\boldsymbol{l}-\boldsymbol{\mu}_{l}(\boldsymbol{d};\boldsymbol{\eta})\,\|_{2}^{2}+\|\boldsymbol{x}-\boldsymbol{\mu}_{x}(\boldsymbol{d};\boldsymbol{\eta})\,\|_{2}^{2})$$

$$(3.26)$$

其中 $\boldsymbol{d}=\boldsymbol{\mu}(\boldsymbol{l},\boldsymbol{x};\boldsymbol{w})+(\boldsymbol{\Sigma}(\boldsymbol{l},\boldsymbol{x};\boldsymbol{w}))^{1/2}\boldsymbol{\epsilon},\ \boldsymbol{\epsilon}\sim\mathcal{N}(\boldsymbol{0},\boldsymbol{I})$。

将式（3.25）和式（3.26）代入式（3.24），即可得到最终用于训练的目标函数：

$$T(\boldsymbol{\eta},\boldsymbol{\theta},\boldsymbol{w})=\frac{1}{2}\big\{\mathrm{tr}(\boldsymbol{\Sigma}(\boldsymbol{l},\boldsymbol{x};\boldsymbol{w}))+(\boldsymbol{\mu}(\boldsymbol{l},\boldsymbol{x};\boldsymbol{w}))^{\top}(\boldsymbol{\mu}(\boldsymbol{l},\boldsymbol{x};\boldsymbol{w}))-$$

$$k-\log\det(\boldsymbol{\Sigma}(\boldsymbol{l},\boldsymbol{x};\boldsymbol{w}))\big\}+\frac{1}{L}\sum_{m=1}^{L}\bigg(\,\|\boldsymbol{x}-\boldsymbol{\mu}_{x}\|_{2}^{2}-$$

$$\sum_{i=1}^{c}l_{i}\log\rho_{i}+(1-l_{i})\log(1-\rho_{i})\bigg)$$

$$(3.27)$$

其中 $d = \boldsymbol{\mu}(\boldsymbol{l}, \boldsymbol{x}; \boldsymbol{w}) + (\boldsymbol{\Sigma}(\boldsymbol{l}, \boldsymbol{x}; \boldsymbol{w}))^{1/2} \boldsymbol{\epsilon}$，$\boldsymbol{\epsilon} \sim \mathcal{N}(\boldsymbol{0}, \boldsymbol{I})$，$\boldsymbol{\mu}_x = f_{\boldsymbol{\theta}}(\boldsymbol{d})$，$\boldsymbol{\rho} = f_{\boldsymbol{\eta}}(\boldsymbol{d})$。

通过反向传播技术与随机梯度最小化目标函数（3.27），得到模型参数 $\boldsymbol{\eta}$、$\boldsymbol{\theta}$ 和 $\boldsymbol{w}$。最终，假设 $p(\boldsymbol{x} \mid \boldsymbol{d})$ 为正态分布且协方差矩阵为单位矩阵，$p(\boldsymbol{l} \mid \boldsymbol{d})$ 为伯努利分布。将它们的概率密度函数代入式（3.20），则 $\boldsymbol{d}$ 的质量评价函数为

$$f(\boldsymbol{d}, \boldsymbol{x}, \boldsymbol{l}) = p(\boldsymbol{l}, \boldsymbol{x} \mid \boldsymbol{d})$$

$$= \frac{1}{(2\pi)^c} \exp\left(-\frac{1}{2}\left[\boldsymbol{x} - \boldsymbol{\mu}_x\right]^\top \left[\boldsymbol{x} - \boldsymbol{\mu}_x\right]\right) \prod_{i=1}^{c} \rho_i^{l_i} (1 - \rho_i)^{(1 - l_i)}$$

$$(3.28)$$

其中不含真实标记分布，因此式（3.28）可实现在真实标记分布未知的情况下对标记分布 $\boldsymbol{d}$ 的质量做出评估。算法 3.2 描述了该标记分布质量评价方法。

算法 3.2　当数据集中不存在真实标记分布的情况下，对任意标记增强算法生成的标记分布进行质量评价，其中 Minibatch $M = 100$，蒙特卡罗采样数量设定为 $L = 1$

优化部分：

Input：

　　$\mathcal{D}$：训练集 $\{(\boldsymbol{x}_i, \boldsymbol{l}_i) \mid 1 \leqslant i \leqslant n\}$

Output：

　　$\boldsymbol{\eta}$：观测模型

1：　$\boldsymbol{\eta}$，$\boldsymbol{w} \leftarrow$ 初始化；

2：　**repeat**

3：　　$\boldsymbol{X}^M$，$\boldsymbol{l}^M \leftarrow$ 从训练集中随机抽取 M 个样本作为 Minibatch；

4： ϵ ←通过标准正态分布随机采样；

5： $g \leftarrow \nabla_{\eta,w} T(\eta,w;X^M,L^M,\epsilon)$；

6： η，w ←通过 g 更新；

7：**until** η，w 收敛

8：**return** η；

标记分布质量评价：

Input：

$\mathcal{D}$：训练集 $\{(x_i,l_i) \mid 1 \leqslant i \leqslant n\}$

$\mathcal{E}$：任意标记增强方法输出的标记分布集合 $\{(x_i,d_i) \mid 1 \leqslant i \leqslant n\}$

η：观测模型

Output：

Q_{LD}：标记分布质量

1： Q_{LD} ←通过式（3.28）计算 $\dfrac{1}{n}\sum\limits_{i=1}^{n} f(d_i,x_i,l_i)$；

2：**return** Q_{LD}；

3.4 标记增强对分类器泛化性能的提升

给定一个分类器 $h：x \mapsto y$，其中，$\mathcal{X}$ 表示示例空间，$\mathcal{Y}$ 表示标记空间，则 h 的泛化误差可表示为

$$L(h) = \mathbb{E}_{x \in \mathcal{X}^*}\left[1 - P(y_x \mid x)\right] + \mathbb{E}_{x \in \overline{\mathcal{X}}^*}\left[1 - P(h(x) \mid x)\right]$$

$$(3.29)$$

其中 $\mathcal{X}^*$ 表示 h 预测正确的示例集合，$\overline{\mathcal{X}}^*$ 表示 h 预测错误的示例集合，y_x 表示 x 的真实标记。当用逻辑标记标注时，

y_x 的描述度为 1，其余标记的描述度都为 0。因此，假设标记空间 $\mathcal{Y}$ 中一共有 c 个可能的标记，当分类器预测错误时，可能从正确标记以外的 $c-1$ 个标记中随机选取一个作为输出，则

$$\mathbb{E}_{x\in\bar{\mathcal{X}}^*}\left[1-P(h(\boldsymbol{x})\mid\boldsymbol{x})\right]=\mathbb{E}_{x\in\bar{\mathcal{X}}^*}\left[1-\sum_{y\neq y_x}\frac{p(y\mid\boldsymbol{x})}{c-1}\right]$$

(3.30)

对于标记增强后的数据集，逻辑标记转化为标记分布 $d=[d_x^{y_1},d_x^{y_2},\cdots,d_x^{y_c}]$，其中 $d_x^{y_j}$ 表示标记 y_j 对示例 $\boldsymbol{x}$ 的描述度。给定一个 LDL 模型 $g:\boldsymbol{x}\mapsto[0,1]^c$，可如下定义 LDL 分类器：

$$\hat{g}(\boldsymbol{x})=\arg\max_{y\in\mathcal{Y}}g(\boldsymbol{x})^y$$

(3.31)

其中 $g(\boldsymbol{x})^y$ 表示 $g(\boldsymbol{x})$ 输出的标记分布中标记 y 的描述度。通常正确标记 y_x 在标记分布中描述度最高，所以可假设 $x^*=\{\boldsymbol{x}\mid\hat{g}(\boldsymbol{x})=y_x\}$，则 $\hat{g}$ 的泛化误差可表示为

$$L(\hat{g})=\mathbb{E}_{x\in\mathcal{X}^*}\left[1-P(y_x\mid\boldsymbol{x})\right]+\mathbb{E}_{x\in\bar{\mathcal{X}}^*}\left[1-P(\hat{g}(\boldsymbol{x})\mid\boldsymbol{x})\right]$$

(3.32)

当 LDL 分类器发生错误时，仍然可从正确标记以外的标记中选择次优标记作为输出，因此式（3.32）可重写为

$$L(\hat{g})=\mathbb{E}_{x\in\mathcal{X}^*}\left[1-P(y_x\mid\boldsymbol{x})\right]+\mathbb{E}_{x\in\bar{\mathcal{X}}^*}\left[1-P(y_x'\mid\boldsymbol{x})\right]$$

(3.33)

其中，$y_x'=\arg\max_{y\neq y_x}P(y\mid\boldsymbol{x})$ 表示次优标记。由于

$$P(y'_x \mid x) \geqslant \sum_{y \neq y_x} \frac{P(y \mid x)}{c-1} \tag{3.34}$$

因此，对比式（3.29）、式（3.30）和式（3.33），可知 $L(\hat{g}) \leqslant L(h)$，即 LDL 分类器 $\hat{g}$ 比逻辑标记分类器 h 具有更小的泛化误差。如此，可从理论上证明标记增强能够提升分类器的泛化能力。

3.5 实验结果与分析

本节将通过在大量数据集上的实验验证标记增强理论，其中 3.5.1 节介绍了标记分布恢复实验，验证了标记增强内在生成机制和标记分布评价函数的有效性，3.5.2 节介绍了消融实验，验证了标记增强能够提升后续分类器的泛化性能。

3.5.1 标记分布恢复实验

我们在标记分布学习数据集上进行了标记分布恢复实验，实验框架如图 3.3 所示，使用 3.2 节中的推断模型生成标记分布，并与现有标记增强算法相比较。一方面，通过 LDL 中的 6 种标记分布度量，将恢复的标记分布与真实标记分布进行比较，以验证标记增强内在生成机制的合理性。另一方面，用 3.3 节中的标记分布质量评价函数对各标记增强算法生成的标记分布进行评估，通过观察评估结果与 6 种标记分布度量（也就是存在真实标记分布情况下的对生成的标记分布直接度量）的一致程度，即可验证标记分布质量评价函数的合理性。

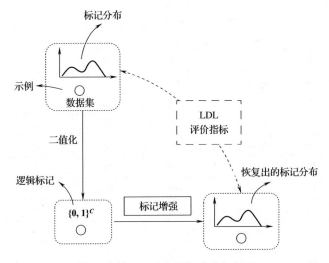

图3.3 标记分布恢复实验框架图

1. 数据集

本实验一共使用了 15 个 LDL 数据集，包括 1 个人造数据集和 14 个真实数据集[⊖]。表 3.1 给出了这些数据集的基本信息，其中 14 个 LDL 真实数据集[6] 产生于生物实验[58-59]、人脸表情图像[60-61]、自然场景图像[62]、电影评分[63]。

⊖ http://cse. seu. edu. cn/PersonalPage/xgeng/LDL/index. htm。

表 3.1　标记分布实验数据集的统计信息

序号	数据集	#Examples	#Features	#Labels
1	Artificial	2601	3	3
2	SJAFFE	213	243	6
3	NaturalScene	2,000	294	9
4	Yeast-spoem	2,465	24	2
5	Yeast-spo5	2,465	24	3
6	Yeast-dtt	2,465	24	4
7	Yeast-cold	2,465	24	4
8	Yeast-heat	2,465	24	6
9	Yeast-spo	2,465	24	6
10	Yeast-diau	2,465	24	7
11	Yeast-elu	2,465	24	14
12	Yeast-cdc	2,465	24	15
13	Yeast-alpha	2,465	24	18
14	SBU_3DFE	2,500	243	6
15	Movie	7,755	1,869	5

　　我们使用人造数据集将标记增强算法恢复的标记分布用可视化的形式进行展示。在该数据集中，示例 $\boldsymbol{x}$ 和逻辑标记 $\boldsymbol{l}$ 是三维向量。$\boldsymbol{x} = [x_1, x_2, x_3]^\top$ 的标记分布 $\boldsymbol{d} = [d_{\boldsymbol{x}}^{y_1}, d_{\boldsymbol{x}}^{y_2}, d_{\boldsymbol{x}}^{y_3}]$ 通过如下方法产生：

$$t_i = ax_i + bx_i^2 + cx_i^3 + d, \quad i = 1, 2, \cdots, 3 \tag{3.35}$$

$$\psi_1 = (\boldsymbol{h}_1^\top \boldsymbol{t})^2, \quad \psi_2 = (\boldsymbol{h}_2^\top \boldsymbol{t} + \beta_1 \psi_1)^2, \quad \psi_3 = (\boldsymbol{h}_3^\top \boldsymbol{t} + \beta_2 \psi_2)^2 \tag{3.36}$$

$$d_x^i = \frac{\psi_i}{\psi_1 + \psi_2 + \psi_3}, \quad i = 1,2,\cdots,3 \qquad (3.37)$$

其中 $t = [t_1, t_2, t_3]^\top$，$x_i \in [-1,1]$，$a = 1$，$b = 0.5$，$c = 0.2$，$d = 1$，$h_1 = [4,2,1]^\top$，$h_2 = [1,2,4]^\top$，$h_3 = [1,4,2]^\top$，并且 $\beta_1 = \beta_2 = 0.01$。为了将标记增强的结果可视化，该数据集的样本从特征空间中一个给定的流形得到。x 的前两个元素，x_1 和 x_2，是固定为所有间隔为 0.04 的网格顶点，这些网格在 $[-1,1]$ 范围内。因此，总共有 $51 \times 51 = 2601$ 个样本。x_3 则通过如下公式计算得到：

$$x_3 = \sin((x_1 + x_2) \times \pi) \qquad (3.38)$$

最终，各个样本的标记分布 d 通过式（3.35）～式（3.37）计算得到。

数据集中的逻辑标记通过对标记分布进行二值化产生。我们采用如下的二值化方法：对于每一个示例 x，选取最大描述度 $d_x^{y_j}$，将该描述度对应的标记 y_j 作为相关标记，即 $l_x^{y_j} = 1$。然后计算当前所有相关标记的描述度的和 $H = \sum_{y_j \in \mathcal{y}^+} d_x^{y_j}$，其中 $\mathcal{y}^+$ 是相关标记集合。如果 H 小于预先设置的阈值 T，则继续选择尚未选入相关标记集合的其他标记中描述度最大的一个加入 $\mathcal{y}^+$，该过程持续直至 $H > T$。最终，$\mathcal{y}^+$ 中标记对应的逻辑标记为 1，其他标记对应的逻辑标记为 0。在本实验中，$T = 0.5$。

2. 评价指标

根据 Geng[6] 的建议，我们选择了 6 种评价指标（见表 3.2），分布是 Chebyshev 距离（Cheb）、Clark 距离（Clark）、Canberra 度量（Canber）、Kullback-Leibler 散度（KL）、余弦相关系数（Cosine）和交叉相似度（Intersection），它们分别来自闵可夫斯基族（Minkowski family）、χ^2 族、L_1 族、香农熵族（Shannon's entropy family）、内积族和交集族（intersection family）。前 4 个是距离度量，后 2 个是相似度度量。

表 3.2　标记分布评价指标

度量	公式
Chebyshev ↓	$\mathrm{Dis}_1(\boldsymbol{d},\hat{\boldsymbol{d}}) = \max_j \left| d_j - \hat{d}_j \right|$
Clark ↓	$\mathrm{Dis}_2(\boldsymbol{d},\hat{\boldsymbol{d}}) = \sqrt{\sum_{j=1}^{c} \dfrac{(d_j - \hat{d}_j)^2}{(d_j + \hat{d}_j)^2}}$
Canberra ↓	$\mathrm{Dis}_3(\boldsymbol{d},\hat{\boldsymbol{d}}) = \sum_{j=1}^{c} \dfrac{\left| d_j - \hat{d}_j \right|}{d_j + \hat{d}_j}$
Kullback-Leibler ↓	$\mathrm{Dis}_4(\boldsymbol{d},\hat{\boldsymbol{d}}) = \sum_{j=1}^{c} d_j \ln \dfrac{d_j}{\hat{d}_j}$
Cosine ↑	$\mathrm{Sim}_1(\boldsymbol{d},\hat{\boldsymbol{d}}) = \dfrac{\sum_{j=1}^{c} d_j \hat{d}_j}{\sqrt{\sum_{j=1}^{c} d_j^2} \sqrt{\sum_{j=1}^{c} \hat{d}_j^2}}$
Intersection ↑	$\mathrm{Sim}_2(\boldsymbol{d},\hat{\boldsymbol{d}}) = \sum_{j=1}^{c} \min(d_j, \hat{d}_j)$

为了验证 2.2 节中标记分布质量评价函数（2.1）的有效性，我们将各标记增强算法生成的标记分布输入式（2.1）中，将输出结果作为不依赖真实标记分布的评价指标，用 Q_{LD} 表示，该评价指标越大越好。

3. 实验设置

本实验的对比算法为 2.3 节中的 4 种标记增强算法，即 FCM[25]、KM[26]、LP[27] 和 ML[28]。对于每一种对比算法，我们都采用了相应文献中推荐的参数设置：LP 中的参数 α 设为 0.5，ML 的近邻数量 K 设置为 $c+1$，FCM 的参数 β 设为 2，KM 的核函数为高斯核。为了验证标记增强内在生成机制，我们用包含两层隐层的 MLP 对观测模型和推断模型建模，通过算法 3.1 优化得到模型参数，进而通过采样生成标记分布。该方法用 LEVI（Label Enhancement via Variational Inference）表示。

4. 结果与分析

为了将人造数据集上的标记增强结果可视化，我们将该数据集标记分布中的描述度作为三种颜色通道，即 RGB 颜色空间。通过这种方式，特种空间中每个点的颜色能够反映出该示例对应的标记分布。因此，我们可以通过观察流形上的颜色将标记增强算法恢复出的标记分布与真实标记分布进行比较。图 3.4 展示了标记增强的可视化结果。为了便于观察，我们使用 decorrelation stretch 过程对图像进行了处理。从图 3.4 中可以得出以下结论：LEVI 几乎恢复出了与真实标记分布完全相同的颜色，LP、ML 和 FCM 能够恢复出于真实标记分布较为相近的颜色，而 KM 恢复出的颜色与真实标记分布相差甚远。

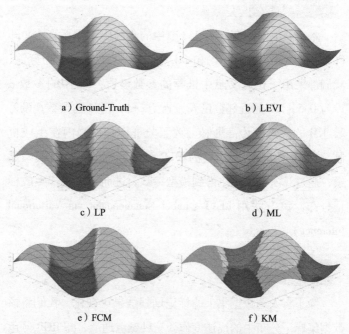

a）Ground-Truth   b）LEVI

c）LP   d）ML

e）FCM   f）KM

图 3.4 人造数据集上标记分布恢复的可视化结果（将标记分布的描述度作为 RGB 颜色）（见彩插）

对于定量分析，表 3.3 到表 3.8 列出了在标记增强算法的 6 种标记分布评价指标下的结果，每个数据集的最优结果

用粗体表示。对于每个评价度量，↓表示越小越好，而↑
表示越大越好。值得注意的是，由于本次实验是恢复实验，
不存在测试集，因此每个 LE 算法只运行一次，并没有标准
差的记录。我们可以看到，LEVI 在 93.3% 的情况下排第一
位，因此与其他 LE 算法相比，LEVI 取得了显著更优的表
现，验证了标记增强内在生成机制。

表 3.3　Cheb↓下标记分布恢复结果值（排序）

数据集	FCM	KM	LP	ML	LEVI
Artificial	0.188（3）	0.260（5）	0.130（2）	0.227（4）	**0.168（1）**
SJAFFE	0.132（3）	0.214（5）	0.107（2）	0.186（4）	**0.073（1）**
Natural-Scene	0.368（5）	0.306（3）	**0.275（1）**	0.295（2）	0.319（4）
Yeast-spoem	0.233（3）	0.408（5）	0.163（2）	0.403（4）	**0.063（1）**
Yeast-spo5	0.162（3）	0.277（5）	0.114（2）	0.273（4）	**0.067（1）**
Yeast-dtt	0.097（2）	0.257（5）	0.128（3）	0.244（4）	**0.051（1）**
Yeast-cold	0.141（3）	0.252（5）	0.137（2）	0.242（4）	**0.051（1）**
Yeast-heat	0.169（4）	0.175（5）	0.086（2）	0.165（3）	**0.033（1）**
Yeast-spo	0.130（3）	0.175（5）	0.090（2）	0.171（4）	**0.045（1）**
Yeast-diau	0.124（3）	0.152（5）	0.099（2）	0.148（4）	**0.033（1）**
Yeast-elu	0.052（3）	0.078（5）	0.044（2）	0.072（4）	**0.017（1）**
Yeast-cdc	0.051（3）	0.076（5）	0.042（2）	0.071（4）	**0.015（1）**
Yeast-alpha	0.044（3）	0.063（5）	0.040（2）	0.057（4）	**0.013（1）**
SBU_3DFE	0.135（3）	0.238（5）	0.123（2）	0.233（4）	**0.092（1）**
Movie	0.230（4）	0.234（5）	0.161（2）	0.164（3）	**0.109（1）**
Avg. Rank	3.2	4.87	2	3.73	1.2

表 3.4　Clark↓下标记分布恢复结果值（排序）

数据集	FCM	KM	LP	ML	LEVI
Artificial	0.561（3）	1.251（5）	0.487（2）	1.041（4）	**0.512（1）**
SJAFFE	0.522（3）	1.874（5）	0.502（2）	1.519（4）	**0.285（1）**
Natural-Scene	2.486（5）	2.448（2）	2.482（4）	**2.388（1）**	2.451（3）
Yeast-spoem	0.401（3）	1.028（5）	0.272（2）	1.004（4）	**0.098（1）**
Yeast-spo5	0.395（3）	1.059（5）	0.274（2）	1.036（4）	**0.136（1）**
Yeast-dtt	0.329（2）	1.477（5）	0.499（3）	1.446（4）	**0.140（1）**
Yeast-cold	0.433（2）	1.472（5）	0.503（3）	1.440（4）	**0.140（1）**
Yeast-heat	0.580（3）	1.802（5）	0.568（2）	1.764（4）	**0.147（1）**
Yeast-spo	0.520（2）	1.811（5）	0.558（3）	1.768（4）	**0.187（1）**
Yeast-diau	0.838（2）	1.886（5）	0.788（3）	1.844（4）	**0.191（1）**
Yeast-elu	0.579（2）	2.768（5）	0.973（3）	2.711（4）	**0.222（1）**
Yeast-cdc	0.739（2）	2.885（5）	1.014（3）	2.825（4）	**0.209（1）**
Yeast-alpha	0.821（2）	3.153（5）	1.185（3）	3.088（4）	**0.219（1）**
SBU_3DFE	0.482（2）	1.907（5）	0.580（3）	1.848（4）	**0.304（1）**
Movie	0.859（2）	1.766（5）	0.913（3）	1.140（4）	**0.548（1）**
Avg. Rank	2.6	4.8	2.67	3.8	1.13

表 3.5　Canber↓下标记分布恢复结果值（排序）

数据集	FCM	KM	LP	ML	LEVI
Artificial	0.797（3）	1.779（5）	**0.668（1）**	1.413（4）	0.742（2）
SJAFFE	1.081（3）	4.010（5）	1.064（2）	3.138（4）	**0.587（1）**
Natural-Scene	6.974（5）	6.795（4）	6.79（3）	**6.477（1）**	6.766（2）
Yeast-spoem	0.534（3）	1.253（5）	0.365（2）	1.226（4）	**0.135（1）**
Yeast-spo5	0.563（3）	1.382（5）	0.401（2）	1.355（4）	**0.208（1）**

（续）

数据集	FCM	KM	LP	ML	LEVI
Yeast-dtt	0. 501（2）	2. 594（5）	0. 941（3）	2. 549（4）	**0. 247（1）**
Yeast-cold	0. 734（2）	2. 566（5）	0. 924（3）	2. 519（4）	**0. 243（1）**
Yeast-heat	1. 157（2）	3. 849（5）	1. 293（3）	3. 779（4）	**0. 295（1）**
Yeast-spo	0. 998（2）	3. 854（5）	1. 231（3）	3. 772（4）	**0. 372（1）**
Yeast-diau	1. 895（3）	4. 261（5）	1. 748（2）	4. 180（4）	**0. 421（1）**
Yeast-elu	1. 689（2）	9. 110（5）	3. 381（3）	8. 949（4）	**0. 674（1）**
Yeast-cdc	2. 415（2）	9. 875（5）	3. 644（3）	9. 695（4）	**0. 642（1）**
Yeast-alpha	2. 883（2）	11. 809（5）	4. 544（3）	11. 603（4）	**0. 732（1）**
SBU_3DFE	1. 020（2）	4. 121（5）	1. 245（3）	4. 001（4）	**0. 635（1）**
Movie	1. 664（2）	3. 444（5）	1. 720（3）	1. 934（4）	**0. 968（1）**
Avg. Rank	2. 53	4. 933	2. 6	3. 8	1. 13

表 3.6　KL↓下标记分布恢复结果值（排序）

数据集	FCM	KM	LP	ML	LEVI
Artificial	0. 267（3）	0. 309（5）	**0. 160（1）**	0. 274（4）	0. 211（2）
SJAFFE	0. 107（3）	0. 558（5）	0. 077（2）	0. 391（4）	**0. 031（1）**
Natural-Scene	3. 565（5）	3. 014（4）	1. 595（2）	2. 275（2）	**0. 885（1）**
Yeast-spoem	0. 208（3）	0. 531（5）	0. 067（2）	0. 503（4）	**0. 013（1）**
Yeast-spo5	0. 123（3）	0. 334（5）	0. 042（2）	0. 317（4）	**0. 015（1）**
Yeast-dtt	0. 065（2）	0. 617（5）	0. 103（3）	0. 586（4）	**0. 011（1）**
Yeast-cold	0. 113（3）	0. 586（5）	0. 103（2）	0. 556（4）	**0. 011（1）**
Yeast-heat	0. 147（3）	0. 586（5）	0. 089（2）	0. 556（4）	**0. 008（1）**
Yeast-spo	0. 110（3）	0. 562（5）	0. 084（2）	0. 532（4）	**0. 014（1）**
Yeast-diau	0. 159（3）	0. 538（5）	0. 127（2）	0. 509（4）	**0. 011（1）**

（续）

数据集	FCM	KM	LP	ML	LEVI
Yeast-elu	0.059（2）	0.617（5）	0.109（3）	0.589（4）	**0.007（1）**
Yeast-cdc	0.091（2）	0.630（5）	0.111（3）	0.601（4）	**0.006（1）**
Yeast-alpha	0.100（2）	0.630（5）	0.121（3）	0.602（4）	**0.006（1）**
SBU_3DFE	0.094（2）	0.603（5）	0.105（3）	0.565（4）	**0.042（1）**
Movie	0.381（4）	0.452（5）	0.177（2）	0.218（3）	**0.081（1）**
Avg. Rank	2.87	4.93	2.27	3.8	1.07

表 3.7　Cosine↑下标记分布恢复结果值（排序）

数据集	FCM	KM	LP	ML	LEVI
Artificial	0.933（3）	0.918（5）	0.974（2）	0.925（4）	**0.980（1）**
SJAFFE	0.906（3）	0.827（5）	0.941（2）	0.857（4）	**0.970（1）**
Natural-Scene	0.593（5）	0.748（3）	**0.860（1）**	0.818（2）	0.737（4）
Yeast-spoem	0.878（3）	0.812（5）	0.950（2）	0.815（4）	**0.990（1）**
Yeast-spo5	0.922（3）	0.882（5）	0.969（2）	0.884（4）	**0.987（1）**
Yeast-dtt	0.959（2）	0.759（5）	0.921（3）	0.763（4）	**0.990（1）**
Yeast-cold	0.922（3）	0.779（5）	0.925（2）	0.784（4）	**0.990（1）**
Yeast-heat	0.883（3）	0.779（5）	0.932（2）	0.783（4）	**0.992（1）**
Yeast-spo	0.909（3）	0.800（5）	0.939（2）	0.803（4）	**0.988（1）**
Yeast-diau	0.882（3）	0.799（5）	0.915（2）	0.803（4）	**0.990（1）**
Yeast-elu	0.950（2）	0.758（5）	0.918（3）	0.763（4）	**0.993（1）**
Yeast-cdc	0.929（2）	0.754（5）	0.916（3）	0.759（4）	**0.994（1）**
Yeast-alpha	0.922（2）	0.751（5）	0.911（3）	0.756（4）	**0.995（1）**
SBU_3DFE	0.912（3）	0.812（5）	0.922（2）	0.815（4）	**0.957（1）**
Movie	0.773（5）	0.880（4）	0.929（2）	0.919（3）	**0.955（1）**
Avg. Rank	3	4.8	2.2	3.8	1.2

表 3.8　Intersection↑下标记分布恢复结果值（排序）

数据集	FCM	KM	LP	ML	LEVI
Artificial	0.812（3）	0.740（5）	0.870（2）	0.773（4）	**0.872（1）**
SJAFFE	0.821（3）	0.593（5）	0.837（2）	0.661（4）	**0.899（1）**
Natural-Scene	0.379（5）	0.453（4）	**0.626（1）**	0.567（2）	0.459（3）
Yeast-spoem	0.767（3）	0.592（5）	0.837（2）	0.597（4）	**0.937（1）**
Yeast-spo5	0.838（3）	0.724（5）	0.886（2）	0.727（4）	**0.933（1）**
Yeast-dtt	0.894（2）	0.541（5）	0.786（3）	0.546（4）	**0.939（1）**
Yeast-cold	0.833（2）	0.559（5）	0.794（3）	0.565（4）	**0.940（1）**
Yeast-heat	0.807（2）	0.559（5）	0.805（3）	0.564（4）	**0.952（1）**
Yeast-spo	0.836（2）	0.575（5）	0.819（3）	0.580（4）	**0.940（1）**
Yeast-diau	0.760（3）	0.588（5）	0.788（2）	0.593（4）	**0.942（1）**
Yeast-elu	0.883（2）	0.539（5）	0.782（3）	0.544（4）	**0.952（1）**
Yeast-cdc	0.847（2）	0.533（5）	0.779（3）	0.538（4）	**0.958（1）**
Yeast-alpha	0.844（2）	0.532（5）	0.774（3）	0.537（4）	**0.960（1）**
SBU_3DFE	0.827（2）	0.579（5）	0.810（3）	0.587（4）	**0.882（1）**
Movie	0.677（4）	0.649（5）	0.778（3）	0.779（2）	**0.850（1）**
Avg. Rank	2.67	4.93	2.53	3.73	1.13

　　表 3.9 列出了我们在 2.2 节提出的标记分布质量评价函数对各标记增强算法生成的标记分布的评价。表 3.9 中各标记增强算法的排名与其他 6 种标记分布评价指标下标记增强算法的排名基本一致，验证了本文提出的标记分布质量评价函数的有效性。

表3.9 $Q_{LD}\uparrow$ 下标记分布恢复结果值（排序）

数据集	FCM	KM	LP	ML	LEVI
Artificial	0. 812 （3）	0. 740 （5）	0. 870 （2）	0. 773 （4）	**0. 872 （1）**
SJAFFE	0. 977 （3）	0. 970 （5）	0. 979 （2）	0. 973 （4）	**0. 981 （1）**
Natural-Scene	0. 579 （5）	0. 653 （4）	0. 706 （3）	0. 727 （2）	**0. 732 （1）**
Yeast-spoem	0. 816 （2）	0. 815 （4）	0. 816 （2）	0. 806 （5）	**0. 819 （1）**
Yeast-spo5	0. 806 （3）	0. 8 （4）	0. 808 （2）	0. 8 （4）	**0. 812 （1）**
Yeast-dtt	0. 77 （3）	0. 77 （5）	0. 77 （2）	0. 749 （4）	**0. 783 （1）**
Yeast-cold	0. 789 （3）	0. 787 （5）	0. 790 （2）	0. 788 （4）	**0. 804 （1）**
Yeast-heat	0. 780 （3）	0. 740 （5）	0. 787 （2）	0. 768 （4）	**0. 798 （1）**
Yeast-spo	0. 730 （3）	0. 721 （5）	0. 737 （2）	0. 728 （4）	**0. 766 （1）**
Yeast-diau	0. 696 （4）	0. 682 （5）	0. 699 （3）	0. 702 （2）	**0. 716 （1）**
Yeast-elu	0. 621 （3）	0. 602 （5）	0. 627 （2）	0. 616 （4）	**0. 641 （1）**
Yeast-cdc	0. 670 （3）	0. 639 （5）	0. 674 （2）	0. 65 （4）	**0. 69 （1）**
Yeast-alpha	0. 629 （3）	0. 626 （5）	0. 632 （2）	0. 613 （4）	**0. 637 （1）**
SBU_3DFE	0. 971 （3）	0. 960 （5）	0. 977 （2）	0. 967 （4）	**0. 98 （1）**
Movie	0. 988 （4）	0. 980 （5）	0. 989 （3）	0. 991 （2）	**0. 995 （1）**
Avg. Rank	3. 2	4. 8	2. 2	3. 67	1

3.5.2 消融实验

我们在多标记数据集上进行了消融实验，实验框架如图 3.5 所示。首先，我们用标记增强算法处理多标记训练集，生成标记分布训练集。然后，我们用生成的标记分布训练集训练一个预测模型（本实验采用多输出支持向量回归机[64]，multi-output support vector regression），最终，我们用该模型对测试示例进行预测，并用 3.5.1 节中的二值化方法将预测的标记分布转化为分类结果。而在对比算法中，我们将标记增强模块删除，直接通过多标记训练集训练预测模型。通过消融实验以证明标记增强能够提升分类器的泛化能力。

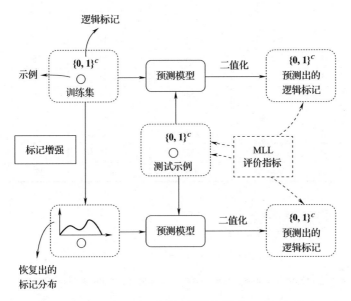

图 3.5　消融实验的框架图

1. 数据集

本实验使用 10 个多标记数据集⊖。表 3.10 列出了这些数据集的一些基本统计量。这些多标记数据集包含了广泛多

⊖　http：//mulan. sourceforge. net/datasets. htm。

样的多标记数据，因此可以为对比实验的提供可靠的支撑。

表 3. 10　消融实验数据集的统计信息

序号	数据集	#Examples	#Features	#Labels
1	cal500	502	68	174
2	emotion	593	72	6
3	medical	978	1449	45
4	llog	1460	1004	75
5	enron	1702	1001	53
6	msra	1868	898	19
7	image	2000	294	5
8	scene	2407	294	5
9	slashdot	3782	1079	22
10	corel5k	5000	499	374

2. 评价指标

本实验使用五种被广泛使用的多标记学习评价指标，分别是 Hamming loss、one-error、coverage、ranking loss 和 average precision[33]。

3. 实验结果

表 3. 11 列出了消融实验的结果。对于每个评价指标，↓表示越小越好，↑表示越大越好。所有算法都使用了 10 折交叉验证。通过该实验结果可以看出，加入了标记增强的分类器预测结果均优于未加入标记增强的预测结果，且在 86% 的情况下显著地优于未加入标记增强的分类器。

表 3.11　消融实验结果，w/LE 表示加入标记增强预处理分类器的预测结果，w/o LE 表示没有标记增强预处理分类器的预测结果，●表示 w/LE 显著优于 w/o LE（显著程度 0.05 的配对 t 检验）

数据集	算法	ranking-loss↓	one-error↓	coverage↓	hamming-loss↓	average-precision↑
cal500	w/LE	0.177±0.002●	0.116±0.014●	0.745±0.007●	0.137±0.002●	0.511±0.004●
	w/o LE	0.199±0.009	0.157±0.023	0.780±0.013	0.141±0.001	0.483±0.009
emotions	w/LE	0.192±0.008●	0.310±0.017	0.320±0.009●	0.224±0.008●	0.773±0.008●
	w/o LE	0.335±0.015	0.498±0.031	0.443±0.014	0.295±0.008	0.638±0.016
medical	w/LE	0.024±0.004●	0.155±0.014●	0.038±0.007●	0.012±0.001●	0.879±0.014●
	w/o LE	0.035±0.005	0.187±0.023	0.050±0.007	0.192±0.032	0.857±0.014
llog	w/LE	0.154±0.005●	0.738±0.023	0.158±0.005●	0.015±0.001●	0.367±0.013●
	w/o LE	0.178±0.009	0.752±0.014	0.182±0.011	0.018±0.001	0.360±0.012
enron	w/LE	0.080±0.003	0.220±0.009	0.236±0.007●	0.047±0.001●	0.697±0.008
	w/o LE	0.125±0.072	0.282±0.087	0.324±0.015	0.096±0.010	0.653±0.076

（续）

数据集	算法	ranking-loss ↓	one-error ↓	coverage ↓	hamming-loss ↓	average-precision ↑
image	w/LE	0.142±0.006 ●	0.271±0.009 ●	0.167±0.006 ●	0.157±0.003	0.824±0.005 ●
image	w/o LE	0.155±0.005	0.295±0.006	0.178±0.006	0.175±0.005	0.809±0.005
scene	w/LE	0.062±0.004 ●	0.193±0.008 ●	0.066±0.003 ●	0.080±0.002 ●	0.887±0.005 ●
scene	w/o LE	0.080±0.006	0.227±0.017	0.081±0.005	0.093±0.005	0.864±0.009
msra	w/LE	0.126±0.010 ●	0.049±0.015 ●	0.529±0.019 ●	0.182±0.009	0.826±0.013 ●
msra	w/o LE	0.136±0.008	0.061±0.017	0.548±0.020	0.673±0.005	0.814±0.010
slashdot	w/LE	0.098±0.002 ●	0.383±0.007 ●	0.115±0.002 ●	0.039±0.001 ●	0.710±0.005 ●
slashdot	w/o LE	0.126±0.004	0.468±0.01	0.143±0.005	0.054±0.001	0.646±0.005
corel5k	w/LE	0.118±0.002 ●	0.658±0.009 ●	0.278±0.004 ●	0.009±0.001	0.297±0.003 ●
corel5k	w/o LE	0.221±0.004	0.701±0.011	0.501±0.007	0.010±0.001	0.268±0.005

3.6 本章小结

本章构建了标记增强的基础理论框架,该理论框架回答了以下三个问题:第一,标记增强所需的类别信息从何而来?即标记分布的内在生成机制;第二,标记增强的结果如何评价? 即标记增强所得标记分布的质量评价机制;第三,标记增强为何有效? 即标记增强后学习系统的泛化性能的提升。本章在大量数据集上进行了实验,标记分布恢复实验证明了标记分布内在生成机制和质量评价机制的有效性,而消融实验证明了标记增强能够提升后续分类器的泛化性能。标记增强理论框架的建立,一方面对标记增强本身来说,将明确其研究范畴,揭示其内在机理,另一方面对相关学习范式来说,不但有助于深入理解 LDL 范式的工作原理,拓展其适用范围,而且有助于探索类别监督信息的本质,为审视传统学习范式提供新的视角。

本章的主要工作已总结成文,包括:

XU N, SHU J, LIU Y P, et al. Variational Label Enhancement [C]//Proceedings of the 37th International Conference on Machine Learning. Virtual Conference:PMLR, 2020:10597-10606. (CCF A 类会议)

第 4 章

面向标记分布学习的标记增强

4.1 引言

对一个特定的应用来说，各个类别标记对于多义性对象的重要性往往是不同的，标记分布学习正是为此提出的一种学习框架。在该框架下，一个示例不是由一个标记集，而是由一个标记分布来标注。标记分布学习相较多标记学习展现出更多的一般性、灵活性和表达力，是解决多义性问题的一种崭新尝试，并且单标记学习和多标记学习都可以看作标记分布学习的特例，这也就意味着标记分布学习是一个更为泛化的机器学习框架，在此框架内研究机器学习方法具有重要的理论和应用价值。近年来，国内外许多研究者都在标记分布学习上开展了研究，着重研究其基础理论、算法、应用，并通过实际应用证明了其价值，将 LDL 范式成功应用于许多具有概念多义性的实际问题上。

标记分布学习范式的前提条件是训练集中每个样本需要

由一个涵盖所有标记重要程度的标记分布来标注，而一些实际应用中的数据由单标记或者多标记（均匀标记分布）标注，缺乏完整的标记分布信息，这是因为逐个考量标记对示例的描述度代价高昂，并且每个标记的描述度也往往没有客观的量化标准。为了提升 LDL 范式的适应性，本章提出了面向标记分布学习的标记增强 GLLE（Graph Laplacian Label Enhancement），该算法应能够在不依赖具体应用的先验知识前提下，充分挖掘特征空间的拓扑结构信息、标记间相关性信息，产生标记之间的重要程度差异，进而恢复出标记分布。本章在大量数据上进行了实验，实验结果表明相比于其他标记增强算法，将 GLLE 适配于 LDL 能够达到显著最优的结果，与 LDL 预测上界十分接近。

4.2　GLLE 方法

在本节，我们提出一种专门的标记增强算法 GLLE，如算法 4.1 所示。该算法利用训练集的特征空间中的拓扑结构和标记间相关性，将标记分布从逻辑标记中恢复出来。

算法 4.1　GLLE 算法

Input：
　X：训练集特征矩阵
　L：训练集逻辑标记矩阵
　m：聚类数量

λ_1，λ_2：平衡参数

Output：

    $\boldsymbol{D}$：标记分布矩阵

1：$\hat{\boldsymbol{W}}$，$\{\boldsymbol{E}_1,\boldsymbol{E}_2,\cdots,\boldsymbol{E}_m\}$←初始化；

2：$\{\boldsymbol{X}_1,\boldsymbol{X}_2,\cdots,\boldsymbol{X}_m\}$←使用 k-均值算法对示例进行聚类，将训练样本分为 m 个类；

3：**repeat**

4：$\hat{\boldsymbol{W}}$←通过式（4.14）更新；

5：**for** $i=1\,\text{to}\,m\,$**do**

6：$\boldsymbol{E}_i$←通过式（4.11）更新；

7：**end for**

8：**until** $\hat{\boldsymbol{W}}$，$\{\boldsymbol{E}_1,\boldsymbol{E}_2,\cdots,\boldsymbol{E}_m\}$ 收敛

9：**return** $\boldsymbol{D}$←通过式（4.1）；

4.2.1 优化框架

给定一个训练集 $\mathcal{S}$，我们建立特征矩阵 $\boldsymbol{X}=[\boldsymbol{x}_1,\boldsymbol{x}_2,\cdots,\boldsymbol{x}_n]$ 和逻辑标记矩阵 $\boldsymbol{L}=[\boldsymbol{l}_1,\boldsymbol{l}_2,\cdots,\boldsymbol{l}_n]$。我们的目标是从逻辑标记矩阵 $\boldsymbol{L}$ 中恢复出标记分布矩阵 $\boldsymbol{D}=[\boldsymbol{d}_1,\boldsymbol{d}_2,\cdots,\boldsymbol{d}_n]$。为了解决该问题，我们考虑如下参数模型：

$$\boldsymbol{d}_i=\boldsymbol{W}^\top\,\varphi(\boldsymbol{x}_i)+\boldsymbol{b}=\hat{\boldsymbol{W}}\boldsymbol{\phi}_i \tag{4.1}$$

其中，$\boldsymbol{W}=[\boldsymbol{w}^1,\cdots,\boldsymbol{w}^c]$ 是一个权重矩阵，$\boldsymbol{b}\in\mathbf{R}^c$ 是偏置向量。$\varphi(\boldsymbol{x})$ 是一个非线性映射，将 $\boldsymbol{x}$ 映射到一个更高维度的特征空间。为了方便描述，我们记 $\hat{\boldsymbol{W}}=[\boldsymbol{W}^\top,\boldsymbol{b}]$ 且 $\boldsymbol{\phi}_i=[\varphi(\boldsymbol{x}_i);1]$。因此，我们的目标是确定最优参数 $\hat{\boldsymbol{W}}^*$，使得该模型在给定示例 $\boldsymbol{x}_i$ 时可以产生合理的标记分布 $\boldsymbol{d}_i$。因此，为了得到最优参

数 $\hat{\boldsymbol{W}}^*$，需要最小化目标函数

$$\hat{\boldsymbol{W}}^* = \underset{\hat{\boldsymbol{w}}}{\arg\min}\ L(\hat{\boldsymbol{W}}) + \lambda_1 \Omega(\hat{\boldsymbol{W}}) + \lambda_2 Z(\hat{\boldsymbol{W}}) \qquad (4.2)$$

其中，L 是一个损失函数，Ω 是一个利用特征空间拓扑结构的函数，而 Z 是一个利用标记间相关性的函数。值得注意的是，标记增强本质上是一个对训练集的预处理，并不需要考虑泛化能力，这与传统的监督学习不一样。因此，我们的优化框架不需要考虑过拟合问题。

由于标记分布中的一些信息应该继承于逻辑标记，因此选择最小二乘损失函数（least squares）作为式（4.2）中的损失函数：

$$\begin{aligned} L(\hat{\boldsymbol{W}}) &= \sum_{i=1}^{n} \| \hat{\boldsymbol{W}}\boldsymbol{\phi}_i - \boldsymbol{l}_i \|^2 \\ &= \mathrm{tr}\big[(\hat{\boldsymbol{W}}\boldsymbol{\Phi} - \boldsymbol{L})^{\top} (\hat{\boldsymbol{W}}\boldsymbol{\Phi} - \boldsymbol{L}) \big] \end{aligned} \qquad (4.3)$$

其中，$\boldsymbol{\Phi} = [\boldsymbol{\phi}_1, \cdots, \boldsymbol{\phi}_n]$。

4.2.2   拓扑空间结构的引入

为了挖掘训练集中隐藏的标记重要程度信息，我们可以通过利用特征空间的拓扑结构信息。因此，首先定义如下的局部相似度矩阵 $\boldsymbol{A}$：

- 如果 $\boldsymbol{x}_i$ 是 $\boldsymbol{x}_j$ 的 K 近邻或者 $\boldsymbol{x}_j$ 是 $\boldsymbol{x}_i$ 的 K 近邻，那么 $\boldsymbol{x}_i$ 和 $\boldsymbol{x}_j$ 相互连接。
- 如果 $\boldsymbol{x}_i$ 和 $\boldsymbol{x}_j$ 是连接的，那么

$$a_{ij} = \exp\left(-\frac{\|\boldsymbol{x}_i - \boldsymbol{x}_j\|^2}{2\sigma^2}\right) \tag{4.4}$$

其中，$\sigma > 0$ 是相似度计算的宽度参数，一般设为 1。

根据平滑假设[54]，两个相互靠近的示例极大可能具有相同的标记。直观地，如果 $\boldsymbol{x}_i$ 和 $\boldsymbol{x}_j$ 具有很高的相似度（可用 a_{ij} 度量），那么 $\boldsymbol{d}_i$ 和 $\boldsymbol{d}_j$ 应该彼此接近。这个直觉引出如下函数 $\Omega(\hat{\boldsymbol{W}})$：

$$\begin{aligned}
\Omega(\hat{\boldsymbol{W}}) &= \sum_{i,j} a_{ij} \|\boldsymbol{d}_i - \boldsymbol{d}_j\|^2 \\
&= \mathrm{tr}(\boldsymbol{DGD}^\top) \\
&= \mathrm{tr}(\hat{\boldsymbol{W}}\boldsymbol{\Phi G \Phi}^\top \hat{\boldsymbol{W}}^\top)
\end{aligned} \tag{4.5}$$

其中，$\boldsymbol{G} = \hat{\boldsymbol{A}} - \boldsymbol{A}$ 是图拉普拉斯（graph Laplacian）矩阵，且 $\hat{\boldsymbol{A}}$ 是对角矩阵，该矩阵的元素是 $\hat{a}_{ii} = \sum_{j=1}^{n} a_{ij}$。

4.2.3 标记相关性的利用

标记相关性[65] 可以提供额外的信息，将训练集的逻辑标记恢复为标记分布。特别地，两个标记越相关，则标记对应的描述度也越接近。换言之，如果第 i 个标记和第 j 个标记更为相关，则 $\boldsymbol{d}^i$ 应该与 $\boldsymbol{d}^j$ 更相似。其中，$\boldsymbol{d}^i$ 是由所有的第 i 个标记对应的描述度组成的向量，也就是 $\boldsymbol{d}^i = [d_{x_1}^{y_i}, d_{x_2}^{y_i}, \cdots, d_{x_n}^{y_i}]$。我们用标记相关性矩阵 $\boldsymbol{R}$ 刻画标记间相关性，该矩阵的元素是 r_{ij}。那么在式（4.2）中的 $Z(\hat{\boldsymbol{W}})$ 为

$$Z(\hat{W}) = \sum_{i,j} r_{ij} \| d^i - d^j \|^2$$

$$= \mathrm{tr}(D^\top CD)$$

$$= \mathrm{tr}(\boldsymbol{\Phi}^\top \hat{W}^\top C \hat{W} \boldsymbol{\Phi}) \tag{4.6}$$

其中，$C = \hat{R} - R$ 是拉普拉斯矩阵，$\hat{R}$ 是对角矩阵，其元素为 $\hat{r}_{ii} = \sum_{j=1}^{n} r_{ij}$。

在实际任务中，标记相关性往往是局部的，即标记相关性自然地存在于示例的子集中，而非存在于所有示例中[66]。假设训练集可以被分为 m 个集合 $\{G_1, G_2, \cdots, G_m\}$，其中在相同集合中的示例共享相同的标记相关性。而该集合恰好可以通过聚类手段得到[67]。因此，我们得到式（4.6）的替代式

$$Z(\hat{W}) = \sum_{i=1}^{m} \mathrm{tr}(D_i^\top C_i D_i)$$

$$= \sum_{i=1}^{m} \mathrm{tr}(\boldsymbol{\Phi}_i^\top \hat{W}^\top C_i \hat{W} \boldsymbol{\Phi}_i) \tag{4.7}$$

其中 D_i 是 G_i 中所有示例的标记分布组成的矩阵，C_i 是对应的拉普拉斯矩阵，代表 G_i 的局部标记相关性。$\boldsymbol{\Phi}_i$ 表示 G_i 中示例的特征矩阵。

将标记增强问题形式化为式（4.3）、式（4.5）和式（4.7）组成的优化框架，可以得到如下优化问题：

$$\min_{\hat{W}} \quad \mathrm{tr}[(\hat{W}\boldsymbol{\Phi} - L)^\top(\hat{W}\boldsymbol{\Phi} - L)] + \lambda_1 \mathrm{tr}(\hat{W}\boldsymbol{\Phi}G\boldsymbol{\Phi}^\top \hat{W}^\top) +$$

$$\lambda_2 \sum_{i=1}^{m} \mathrm{tr}(\boldsymbol{\Phi}_i^\top \hat{W}^\top C_i \hat{W} \boldsymbol{\Phi}_i) \tag{4.8}$$

我们通过学习过程得到矩阵 C_i。注意到在优化过程中有可能得到 $C_i = 0$ 的解，这与我们的目标相违背。因此，为了避免得到这样的解，将 C_i 分解为 $E_i E_i^\top$ 并且加入限制条件 $\mathrm{diag}(E_i E_i^\top) = 1$，即得到如下优化目标：

$$\min_{\hat{W}, E} \quad \mathrm{tr}\left[(\hat{W}\Phi - L)^\top (\hat{W}\Phi - L)\right] + \lambda_1 \mathrm{tr}(\hat{W}\Phi G \Phi^\top \hat{W}^\top) +$$

$$\lambda_2 \sum_{i=1}^m \mathrm{tr}(\Phi_i^\top \hat{W}^\top E_i E_i^\top \hat{W}\Phi_i)$$

$$\text{s. t.} \quad \mathrm{diag}(E_i E_i^\top) = 1, \ i = 1, 2, \cdots, m \qquad (4.9)$$

一旦得到最优参数 $\hat{W}^*$，标记分布 d_i 可以通过式（4.1）产生，而后我们使用 softmax normalization 对 d_i 进行归一化。

依据表示定理（representor's theorem）[68]，在一般情况下，一个学习模型的参数可以表示为样本在特征空间中的线性组合，也就是 $w^j = \sum_i \theta^j \varphi(x_i)$。如果将这种表示取代式（4.9），将产生内积 $\langle \varphi(x_i), \varphi(x_j) \rangle$，那么就可以引入核技巧。

4.2.4 优化策略

为了解决式（4.9）的优化问题，我们采用交替优化策略，也就是固定一个参数，同时优化另一个参数。当固定 $\hat{W}$ 而优化 E 时，式（4.9）可以改写为

$$\begin{cases} \min_E & \sum_{i=1}^m \mathrm{tr}(\Phi_i^\top \hat{W}^\top E_i E_i^\top \hat{W}\Phi_i) \\ \text{s. t.} & \mathrm{diag}(E_i E_i^\top) = 1, \ i = 1, 2, \cdots, m \end{cases} \qquad (4.10)$$

注意到式（4.10）可以进一步地分解为 m 个优化子问题，其中第 i 个形式如下：

$$\begin{cases} \min\limits_{E_i} & \mathrm{tr}(\boldsymbol{\Phi}_i^\top \hat{\boldsymbol{W}}^\top \boldsymbol{E}_i \boldsymbol{E}_i^\top \hat{\boldsymbol{W}} \boldsymbol{\Phi}_i) \\ \mathrm{s.\,t.} & \mathrm{diag}(\boldsymbol{E}_i \boldsymbol{E}_i^\top) = \mathbf{1} \end{cases} \tag{4.11}$$

我们采用投影梯度下降（projected gradient descent）优化式（4.11）。该目标函数对参数 $\boldsymbol{E}_i$ 的梯度为

$$\nabla_{E_i} = 2\hat{\boldsymbol{W}} \boldsymbol{\Phi}_i \boldsymbol{\Phi}_i^\top \hat{\boldsymbol{W}}^\top \boldsymbol{E}_i \tag{4.12}$$

为了满足限制条件 $\mathrm{diag}(\boldsymbol{E}_i \boldsymbol{E}_i^\top) = \mathbf{1}$，每次更新的时候将 $\boldsymbol{E}_i$ 的每行进行投影：

$$\boldsymbol{e}_{i,(j)} \leftarrow \frac{\boldsymbol{e}_{i,(j)}}{\|\boldsymbol{e}_{i,(j)}\|} \tag{4.13}$$

其中 $\boldsymbol{e}_{i,(j)}$ 是 $\boldsymbol{E}_i$ 的第 j 行。

当固定 $\boldsymbol{E}$ 优化 $\hat{\boldsymbol{W}}$ 时，该优化任务变为

$$\min\limits_{\hat{\boldsymbol{W}}} \quad \mathrm{tr}[(\hat{\boldsymbol{W}}\boldsymbol{\Phi} - \boldsymbol{L})^\top (\hat{\boldsymbol{W}}\boldsymbol{\Phi} - \boldsymbol{L})] + \lambda_1 \mathrm{tr}(\hat{\boldsymbol{W}}\boldsymbol{\Phi}\boldsymbol{G}\boldsymbol{\Phi}^\top \hat{\boldsymbol{W}}^\top) +$$

$$\lambda_2 \sum_{i=1}^{m} \mathrm{tr}(\boldsymbol{\Phi}_i^\top \hat{\boldsymbol{W}}^\top \boldsymbol{E}_i \boldsymbol{E}_i^\top \hat{\boldsymbol{W}} \boldsymbol{\Phi}_i) \tag{4.14}$$

我们使用一种高效的拟牛顿法 BFGS[46] 优化式（4.14）。为了优化该目标函数，BFGS 需要使用一阶梯度：

$$\nabla_{\hat{\boldsymbol{W}}} = 2\hat{\boldsymbol{W}}\boldsymbol{\Phi}\boldsymbol{\Phi}^\top - 2\boldsymbol{L}\boldsymbol{\Phi}^\top + \lambda_1 \hat{\boldsymbol{W}}\boldsymbol{\Phi}\boldsymbol{G}^\top \boldsymbol{\Phi}^\top + \lambda_1 \hat{\boldsymbol{W}}\boldsymbol{\Phi}\boldsymbol{G}\boldsymbol{\Phi}^\top +$$

$$2\lambda_2 \sum_{i=1}^{m} (\boldsymbol{E}_i \boldsymbol{E}_i^\top \hat{\boldsymbol{W}}\boldsymbol{\Phi}_i \boldsymbol{\Phi}_i^\top) \tag{4.15}$$

4.3　实验结果与分析

4.3.1　标记分布恢复实验

在标记分布恢复实验中，我们使用标记增强算法从逻辑标记中恢复出标记分布，并将恢复的标记分布与真实标记分布进行比较。

1. 数据集

本实验一共使用了 15 个数据集，包括 1 个人造数据集和 14 个 LDL 数据集⊖。表 4.1 给出了这些数据集的基本信息。14 个 LDL 数据集是真实 LDL 数据集[6]，这些数据集分布产生于生物实验、人脸表情图像、自然场景图像、电影评分。人造数据集产生方法见 3.5 节。

表 4.1　标记分布恢复实验数据集的统计信息

序号	数据集	#Examples	#Features	#Labels
1	Artificial	2601	3	3
2	SJAFFE	213	243	6
3	NaturalScene	2000	294	9
4	Yeast-spoem	2465	24	2

⊖　http：//cse. seu. edu. cn/PersonalPage/xgeng/LDL/index. htm。

（续）

序号	数据集	#Examples	#Features	#Labels
5	Yeast-spo5	2465	24	3
6	Yeast-dtt	2465	24	4
7	Yeast-cold	2465	24	4
8	Yeast-heat	2465	24	6
9	Yeast-spo	2465	24	6
10	Yeast-diau	2465	24	7
11	Yeast-elu	2465	24	14
12	Yeast-cdc	2465	24	15
13	Yeast-alpha	2465	24	18
14	SBU_3DFE	2500	243	6
15	Movie	7755	1869	5

数据集中的逻辑标记通过对标记分布进行二值化产生。我们采用如下的二值化方法：对于每一个示例 x，选取最大描述度 $d_x^{y_j}$，将该描述度对应的标记 y_j 作为相关标记，即 $l_x^{y_j} = 1$。然后计算当前所有相关标记的描述度的和 $H = \sum_{y_j \in \mathcal{Y}^+} d_x^{y_j}$，其中 $\mathcal{Y}^+$ 是相关标记集合。如果 H 小于预先设置的阈值 T，则继续选择尚未选入相关标记集合的其他标记中描述度最大的一个加入 $\mathcal{Y}^+$，该过程持续直至 $H>T$。最终，$\mathcal{Y}^+$ 中标记对应的逻辑标记为 1，其他标记对应的逻辑标记为 0。在本实验中，$T=0.5$。

2. 评价指标

当测试集中存在真实标记分布时，一个自然的选择就是使用距离或者相似度作为评价指标。根据 Geng[6] 的建议，我们选择了 6 种评价指标，分布是 Chebyshev 距离（Cheb）、Clark 距离（Clark）、Canberra 度量（Canber）、Kullback-Leibler 散度（KL）、余弦相关系数（Cosine）和交叉相似度（Intersection），它们分别来自于闵可夫斯基族（Minkowski family）、χ^2 族、L_1 族、香农熵族（Shannon's entropy family）、内积族和交集族（intersection family）。前 4 个是距离度量，后 2 个是相似度度量。

假设真实标记分布为 $\boldsymbol{d} = [d_1, d_2, \cdots, d_c]$，恢复出的标记分布为 $\hat{\boldsymbol{d}} = [\hat{d}_1, \hat{d}_2, \cdots, \hat{d}_c]$，那么 6 种度量的形式为表 3.2，其中距离度量的"↓"表示"越小越好"，相似度度量中的"↑"表示"越大越好"。

3. 实验设置

本实验的对比算法为 2.3 节中的 4 种标记增强算法，即 FCM[25]、KM[26]、LP[27] 和 ML[28]。对于每一种对比算法，我们都采用了相应文献中推荐的参数设置：LP 中的参数 α 设为 0.5，ML 的近邻数量 K 设置为 $c+1$，FCM 的参数 β 设为 2，KM 的核函数为高斯核。对于 GLLE，λ_1 和 λ_2 在 $\{10^{-2},$

$10^{-1}, \cdots, 100\}$ 中选取，近邻数量 K 设为 $c+1$，核函数选择高斯核。

4. 恢复结果

为了将人造数据集上的标记增强结果可视化，我们将该数据集标记分布中的描述度作为三种颜色通道，即 RGB 颜色空间。通过这种方式，特种空间中每个点的颜色能够反映出该示例对应的标记分布。因此，我们可以通过观察流形上的颜色将标记增强算法恢复出的标记分布与真实标记分布进行比较。图 4.1 展示了标记增强的可视化结果。为了便于观察，我们使用 decorrelation stretch 过程对图像进行了处理。从图 4.1 中我们可以得出以下结论：GLLE 几乎恢复出了与真实标记分布完全相同的颜色，LP、ML 和 FCM 能够恢复出于真实标记分布较为相近的颜色，而 KM 恢复出的颜色与真实标记分布相差甚远。

对于定量分析，表 4.2 到表 4.7 列出了 5 种标记增强算法在所有数据集上的结果，每个数据集的最优结果用粗体表示，表 4.8 展示了 5 种算法在 6 个指标上的平均排序。对于每个评价度量，↓ 表示越小越好，而 ↑ 表示越大越好。值得注意的是，由于本次实验是恢复实验，不存在测试集，因此每个 LE 算法只运行一次，并没有标准差的记录。可以看到，GLLE 在 94.4% 的情况下排第一位，因此与其他 LE 算法相比，GLLE 取得了显著更优的表现。

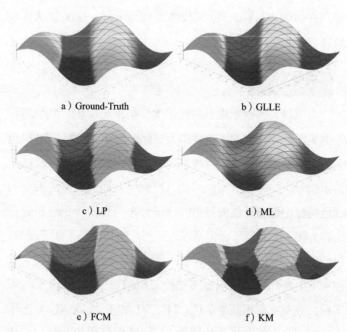

a）Ground-Truth b）GLLE

c）LP d）ML

e）FCM f）KM

图 4.1 通过标记增强算法恢复出的标记分布与真实标记分布的可视化对比（标记分布的描述度作为 RGB 颜色）（见彩插）

表 4.2 Cheb↓下标记分布恢复结果值（排序）

数据集	FCM	KM	LP	ML	GLLE
Artificial	0.188（3）	0.260（5）	0.130（2）	0.227（4）	**0.108（1）**
SJAFFE	0.132（3）	0.214（5）	0.107（2）	0.186（4）	**0.087（1）**
Natural-Scene	0.368（5）	0.306（4）	**0.275（1）**	0.295（2）	0.296（3）
Yeast-spoem	0.233（3）	0.408（5）	0.163（2）	0.403（4）	**0.088（1）**
Yeast-spo5	0.162（3）	0.277（5）	0.114（2）	0.273（4）	**0.099（1）**
Yeast-dtt	0.097（2）	0.257（5）	0.128（3）	0.244（4）	**0.052（1）**

（续）

数据集	FCM	KM	LP	ML	GLLE
Yeast-cold	0.141（3）	0.252（5）	0.137（2）	0.242（4）	**0.066（1）**
Yeast-heat	0.169（4）	0.175（5）	0.086（2）	0.165（3）	**0.049（1）**
Yeast-spo	0.130（3）	0.175（5）	0.090（2）	0.171（4）	**0.062（1）**
Yeast-diau	0.124（3）	0.152（5）	0.099（2）	0.148（4）	**0.053（1）**
Yeast-elu	0.052（3）	0.078（5）	0.044（2）	0.072（4）	**0.023（1）**
Yeast-cdc	0.051（3）	0.076（5）	0.042（2）	0.071（4）	**0.022（1）**
Yeast-alpha	0.044（3）	0.063（5）	0.040（2）	0.057（4）	**0.020（1）**
SBU_3DFE	0.135（3）	0.238（5）	**0.123（1）**	0.233（4）	0.126（2）
Movie	0.230（4）	0.234（5）	0.161（2）	0.164（3）	**0.122（1）**
Avg. Rank	3.2	4.93	1.93	3.73	1.2

表4.3　Clark↓下标记分布恢复结果值（排序）

数据集	FCM	KM	LP	ML	GLLE
Artificial	0.561（3）	1.251（5）	0.487（2）	1.041（4）	**0.452（1）**
SJAFFE	0.522（3）	1.874（5）	0.502（2）	1.519（4）	**0.377（1）**
Natural-Scene	2.486（5）	2.448（3）	2.482（4）	2.388（2）	**2.343（1）**
Yeast-spoem	0.401（3）	1.028（5）	0.272（2）	1.004（4）	**0.132（1）**
Yeast-spo5	0.395（3）	1.059（5）	0.274（2）	1.036（4）	**0.197（1）**
Yeast-dtt	0.329（2）	1.477（5）	0.499（3）	1.446（4）	**0.143（1）**
Yeast-cold	0.433（2）	1.472（5）	0.503（3）	1.440（4）	**0.176（1）**
Yeast-heat	0.580（3）	1.802（5）	0.568（2）	1.764（4）	**0.213（1）**
Yeast-spo	0.520（2）	1.811（5）	0.558（3）	1.768（4）	**0.266（1）**
Yeast-diau	0.838（3）	1.886（5）	0.788（2）	1.844（4）	**0.296（1）**
Yeast-elu	0.579（2）	2.768（5）	0.973（3）	2.711（4）	**0.295（1）**

（续）

数据集	FCM	KM	LP	ML	GLLE
Yeast-cdc	0. 739（2）	2. 885（5）	1. 014（3）	2. 825（4）	**0. 306（1）**
Yeast-alpha	0. 821（2）	3. 153（5）	1. 185（3）	3. 088（4）	**0. 337（1）**
SBU \ _3DFE	0. 482（2）	1. 907（5）	0. 580（3）	1. 848（4）	**0. 391（1）**
Movie	0. 859（2）	1. 766（5）	0. 913（3）	1. 140（4）	**0. 569（1）**
Avg. Rank	2. 6	4. 87	2. 67	3. 87	1

表 4.4　Canber↓ 下标记分布恢复结果值（排序）

数据集	FCM	KM	LP	ML	GLLE
Artificial	0. 797（3）	1. 779（5）	0. 668（2）	1. 413（4）	**0. 617（1）**
SJAFFE	1. 081（3）	4. 010（5）	1. 064（2）	3. 138（4）	**0. 781（1）**
Natural-Scene	6. 974（5）	6. 795（4）	6. 79（3）	6. 477（2）	**6. 299（1）**
Yeast-spoem	0. 534（3）	1. 253（5）	0. 365（2）	1. 226（4）	**0. 183（1）**
Yeast-spo5	0. 563（3）	1. 382（5）	0. 401（2）	1. 355（4）	**0. 305（1）**
Yeast-dtt	0. 501（2）	2. 594（5）	0. 941（3）	2. 549（4）	**0. 248（1）**
Yeast-cold	0. 734（2）	2. 566（5）	0. 924（3）	2. 519（4）	**0. 305（1）**
Yeast-heat	1. 157（2）	3. 849（5）	1. 293（3）	3. 779（4）	**0. 430（1）**
Yeast-spo	0. 998（2）	3. 854（5）	1. 231（3）	3. 772（4）	**0. 548（1）**
Yeast-diau	1. 895（3）	4. 261（5）	1. 748（2）	4. 180（4）	**0. 671（1）**
Yeast-elu	1. 689（2）	9. 110（5）	3. 381（3）	8. 949（4）	**0. 902（1）**
Yeast-cdc	2. 415（2）	9. 875（5）	3. 644（3）	9. 695（4）	**0. 959（1）**
Yeast-alpha	2. 883（2）	11. 809（5）	4. 544（3）	11. 603（4）	**1. 134（1）**
SBU \ _3DFE	1. 020（2）	4. 121（5）	1. 245（3）	4. 001（4）	**0. 828（1）**
Movie	1. 664（2）	3. 444（5）	1. 720（3）	1. 934（4）	**1. 045（1）**
Avg. Rank	2. 53	4. 933	2. 67	3. 87	1

表 4.5　KL↓ 下标记分布恢复结果值（排序）

数据集	FCM	KM	LP	ML	GLLE
Artificial	0.267 (3)	0.309 (5)	0.160 (2)	0.274 (4)	**0.131 (1)**
SJAFFE	0.107 (3)	0.558 (5)	0.077 (2)	0.391 (4)	**0.050 (1)**
Natural-Scene	3.565 (5)	3.014 (4)	**1.595 (1)**	2.275 (2)	2.663 (3)
Yeast-spoem	0.208 (3)	0.531 (5)	0.067 (2)	0.503 (4)	**0.027 (1)**
Yeast-spo5	0.123 (3)	0.334 (5)	0.042 (2)	0.317 (4)	**0.034 (1)**
Yeast-dtt	0.065 (2)	0.617 (5)	0.103 (3)	0.586 (4)	**0.013 (1)**
Yeast-cold	0.113 (3)	0.586 (5)	0.103 (2)	0.556 (4)	**0.019 (1)**
Yeast-heat	0.147 (3)	0.586 (5)	0.089 (2)	0.556 (4)	**0.017 (1)**
Yeast-spo	0.110 (3)	0.562 (5)	0.084 (2)	0.532 (4)	**0.029 (1)**
Yeast-diau	0.159 (3)	0.538 (5)	0.127 (2)	0.509 (4)	**0.027 (1)**
Yeast-elu	0.059 (2)	0.617 (5)	0.109 (3)	0.589 (4)	**0.013 (1)**
Yeast-cdc	0.091 (2)	0.630 (5)	0.111 (3)	0.601 (4)	**0.014 (1)**
Yeast-alpha	0.100 (2)	0.630 (5)	0.121 (3)	0.602 (4)	**0.013 (1)**
SBU_3DFE	0.094 (2)	0.603 (5)	0.105 (3)	0.565 (4)	**0.069 (1)**
Movie	0.381 (4)	0.452 (5)	0.177 (2)	0.218 (3)	**0.123 (1)**
Avg. Rank	2.87	4.93	2.27	3.8	1.13

表 4.6　Cosine↑ 下标记分布恢复结果值（排序）

数据集	FCM	KM	LP	ML	GLLE
Artificial	0.933 (3)	0.918 (5)	0.974 (2)	0.925 (4)	**0.980 (1)**
SJAFFE	0.906 (3)	0.827 (5)	0.941 (2)	0.857 (4)	**0.958 (1)**
Natural-Scene	0.593 (5)	0.748 (3)	**0.860 (1)**	0.818 (2)	0.733 (4)
Yeast-spoem	0.878 (3)	0.812 (5)	0.950 (2)	0.815 (4)	**0.978 (1)**
Yeast-spo5	0.922 (3)	0.882 (5)	0.969 (2)	0.884 (4)	**0.971 (1)**
Yeast-dtt	0.959 (2)	0.759 (5)	0.921 (3)	0.763 (4)	**0.988 (1)**
Yeast-cold	0.922 (3)	0.779 (5)	0.925 (2)	0.784 (4)	**0.982 (1)**

（续）

数据集	FCM	KM	LP	ML	GLLE
Yeast-heat	0.883（3）	0.779（5）	0.932（2）	0.783（4）	**0.984（1）**
Yeast-spo	0.909（3）	0.800（5）	0.939（2）	0.803（4）	**0.974（1）**
Yeast-diau	0.882（3）	0.799（5）	0.915（2）	0.803（4）	**0.975（1）**
Yeast-elu	0.950（2）	0.758（5）	0.918（3）	0.763（4）	**0.987（1）**
Yeast-cdc	0.929（2）	0.754（5）	0.916（3）	0.759（4）	**0.987（1）**
Yeast-alpha	0.922（2）	0.751（5）	0.911（3）	0.756（4）	**0.987（1）**
SBU \ _3DFE	0.912（3）	0.812（5）	0.922（2）	0.815（4）	**0.927（1）**
Movie	0.773（5）	0.880（4）	0.929（2）	0.919（3）	**0.936（1）**
Avg. Rank	3	4.8	2.2	3.8	1.2

表 4.7　Intersection↑下标记分布恢复结果值（排序）

数据集	FCM	KM	LP	ML	GLLE
Artificial	0.812（3）	0.740（5）	0.870（2）	0.773（4）	**0.892（1）**
SJAFFE	0.821（3）	0.593（5）	0.837（2）	0.661（4）	**0.872（1）**
Natural-Scene	0.379（5）	0.453（4）	**0.626（1）**	0.567（2）	0.518（3）
Yeast-spoem	0.767（3）	0.592（5）	0.837（2）	0.597（4）	**0.912（1）**
Yeast-spo5	0.838（3）	0.724（5）	0.886（2）	0.727（4）	**0.901（1）**
Yeast-dtt	0.894（2）	0.541（5）	0.786（3）	0.546（4）	**0.939（1）**
Yeast-cold	0.833（2）	0.559（5）	0.794（3）	0.565（4）	**0.924（1）**
Yeast-heat	0.807（2）	0.559（5）	0.805（3）	0.564（4）	**0.929（1）**
Yeast-spo	0.836（2）	0.575（5）	0.819（3）	0.580（4）	**0.909（1）**
Yeast-diau	0.760（3）	0.588（5）	0.788（2）	0.593（4）	**0.906（1）**
Yeast-elu	0.883（2）	0.539（5）	0.782（3）	0.544（4）	**0.936（1）**
Yeast-cdc	0.847（2）	0.533（5）	0.779（3）	0.538（4）	**0.937（1）**
Yeast-alpha	0.844（2）	0.532（5）	0.774（3）	0.537（4）	**0.938（1）**

（续）

数据集	FCM	KM	LP	ML	GLLE
SBU \ _3DFE	0.827（2）	0.579（5）	0.810（3）	0.587（4）	**0.850（1）**
Movie	0.677（4）	0.649（5）	0.778（3）	0.779（2）	**0.831（1）**
Avg. Rank	2.67	4.93	2.53	3.73	1.13

表4.8　5种算法在6个指标上的平均排序

指标	FCM	KM	LP	ML	GLLE
Cheb	4.40	4.27	2.20	3.13	1.00
Clark	4.33	4.07	2.40	3.07	1.13
Canber	4.20	4.13	2.40	3.13	1.13
KL	4.37	4.30	2.20	3.13	1.00
Cosine	4.53	4.27	2.13	3.07	1.00
Intersection	4.40	4.27	2.13	3.13	1.07

4.3.2 标记分布学习实验

为了进一步测试 LDL 在经过标记增强的逻辑标记数据集上的效果，我们首先从逻辑标记数据中恢复出标记分布，然后用恢复出的标记分布进行 LDL 训练。最终，我们将训练出的 LDL 模型在新的测试数据集上进行测试，将该测试结果与直接使用真实标记分布进行训练的 LDL 模型的预测结果进行比较，本次实验使用的 LDL 训练算法是 SA-BFGS[6]。图4.2 展示了以上实验过程。本次实验的数据集和评价指标与4.3.1 节中的完全一致。

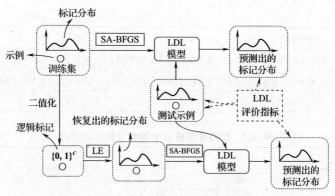

图 4.2　标记分布学习实验框架图

1. 实验设置

在本次实验中，对比算法和参数与 4.3.1 节完全一致。FCM、KM、LP、ML 和 GLLE 代表了由各标记增强算法恢复出的标记分布训练出的 LDL 模型对测试集的预测结果。预测结果的上界是由真实标记分布训练得到的 LDL 模型对测试集的预测结果。所有算法都使用十折交叉验证。

2. 预测结果

图 4.3 和图 4.4 表示 LE+LDL 的预测结果与预测上界（即由真实标记分布训练得到的 LDL 模型对测试集的预测结果）的比例。从实验结果可以看到，GLLE 在 96.7%的情况下排名第一，因此相比于其他标记增强算法，GLLE 达到显著最优。

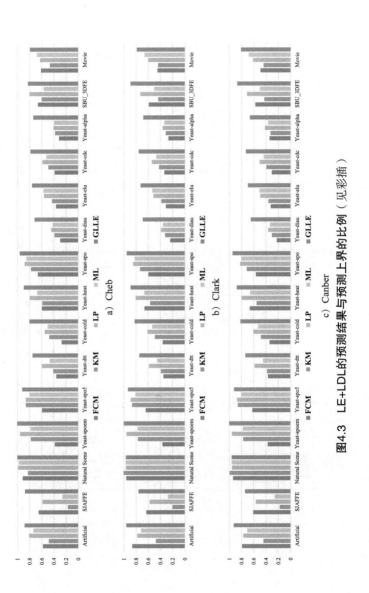

图4.3　LE+LDL的预测结果与预测上界的比例（见彩插）

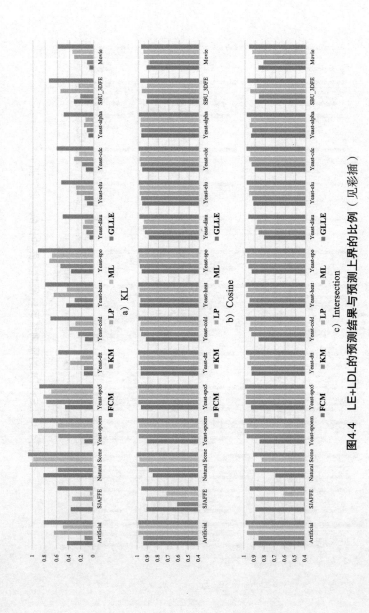

图4.4 LE+LDL的预测结果与预测上界的比例（见彩插）

值得注意的是，在大多数情况下，GLLE 与预测上界十分接近，特别是在 Nature Scene 和 Yeast-spoem 上。但是在一些数据集上（SJAFFE、Yeast-cold、Yeast-diau 和 Yeast-alpha），GLLE 与预测上界差距较大。这是因为在这些数据集中，构成真实标记分布的描述度几乎相等，这导致了二值化产生的逻辑标记不稳定。因此，很难从这些逻辑标记中恢复出合适的标记分布。而当数据集（即 the Nature Scene、Yeast-spoem 和 Yeast-spo datasets）中的描述度差异较大时，二值化过程能够容易区分相关标记与不相关标记，对于恢复标记分布提供了可靠的帮助。相比于第二好的算法，GLLE 与预测上界更为接近，接近指标分别是：65.0% Cheb，62.6% Clark，60.3% Canber，57.0% KL，41.9% Cosine 和 55.6% Intersec。LDL 预测结果证明了使用 GLLE 对逻辑标记数据集进行标记增强处理后使用标记分布学习的有效性。

4.3.3　标记相关性验证

本小节中，我们将验证 GLLE 算法学习到的标记相关性矩阵是否能很好地反映标记之间的关系。我们在真实标记分布数据集 Nature Scene 上进行了验证。该数据集包含了 9 个标记：plant、sky、cloud、snow、building、desert、mountain、water、sun。为了展示 GLLE 学习出的标记相关性，我们从 Nature Scene 中抽取两组示例，其对应的局部标记相关性矩阵中的值映射到 [0,1]。图 4.5 和图 4.6 展示了不同组的局部标记相关性。例如，在 group 1 中， "sun"与"plant" "sky""desert""water"相关性较高（图4.5b）。该情况也可以从图4.5a看出，而"desert"与"sky""sun"经常同时出现。在 group 2（图4.6b），"mountain"与"plant""sky"和"snow"相关，而"desert"与"plant"经常一起出现（图4.6a）。因此，这些学习到的局部相关性与从对应图像上表现情况保持一致。

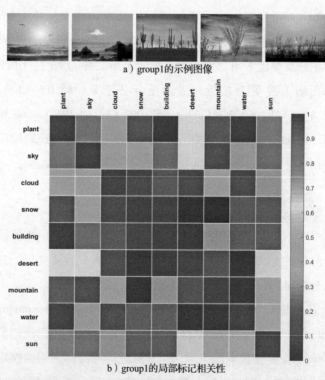

a）group1的示例图像

b）group1的局部标记相关性

图 4.5 group 1 的示例图像与局部标记相关性（见彩插）

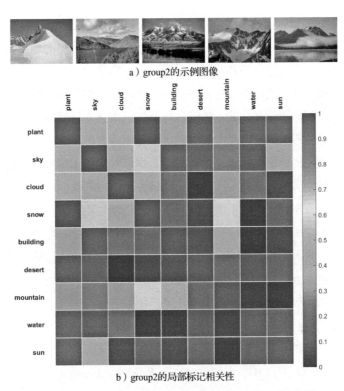

a）group2的示例图像

b）group2的局部标记相关性

图 4.6　group 2 的示例图像与局部标记相关性（见彩插）

4.4　本章小结

标记分布学习是一种比传统单标记和多标记学习更为泛化的学习范式，能够处理标记的不同重要程度（描述度），对许多实际应用问题具有本质上的普适性。标记分布学习需要专门的算法设计以及专门的评价指标，而目前很多实际问题中应用标记分布学习的主要困难是缺乏用标记分布标注的数据，为此，需要使用标记增强恢复蕴含在数据中的标记分布，从而可以在这些问题上应用标记分布学习。在标记增强的概念提出前已有一些方法，虽不是以标记增强为目标，却可以部分实现其功能。然而，与以标记增强为目标专门设计的算法相比既有方法能够取得显著更优的表现，这表明了研究专门的标记增强算法的必要性。本章提出的 GLLE 方法利用特征向量间拓扑关系和标记间相关性，将逻辑标记增强为标记分布，极大地拓展了标记分布学习的应用范围。

在图像、文本、基因等任务上的多个标记分布数据集上进行的大量实验表明，我们提出的 GLLE 方法取得的结果显著地优于现有的标记增强算法。同时实验还进一步表明了基于 GLLE 的 LDL 预测结果十分接近直接采用真实标记分布的 LDL，证明了标记增强对于 LDL 的有效性。

本章的主要工作已总结成文，包括：

[1]　**XU N**, TAO A, and GENG X, Label Enhancement for Label Distribution Learning[C]// Proceedings of the 29th International Joint Conference on Artificial Intelligence. Stockholm, Sweden, 2018: 2926-2932. (CCF A 类会议)

[2]　**XU N**, LIU Y P, GENG X. Label Enhancement for Label Distribution Learning[J]. IEEE Transactions on Knowledge and Data Engineering. IEEE, 2019, 33 (4): 1632-1643. (CCF A 类期刊)

第5章

标记增强在其他学习问题上的应用

5.1 引言

相较于逻辑标记，标记分布是对多义性数据的标记信息的更为贴近本质的表示，这是因为标记强度差异现象在多义性机器学习任务中广泛存在，逻辑标记几乎完全忽视了这种现象，而标记分布通过连续的"描述度"来显式表达每个标记与数据对象的关联强度，解决了标记强度存在差异的问题。标记分布空间中的样本分布在单位超立方体内。相比于原始的逻辑标记空间，标记增强后的标记分布空间显然包含了更多类别监督信息。因此，标记增强对探索类别监督信息的本质具有重要意义，可以为其他学习问题提供新的解决思路。

我们将标记增强应用于多标记学习问题，提出了 LEMLL 方法，该方法将标记增强和后续预测模型的训练过程统一到同一个学习框架内，利用多标记流形和多输出支持向量，通过交替优化方法，将标记增强过程与预测模型的训练过程耦合，将二者的目标进行统一，提升多标记学习模型的效果。我们在大量多标记数据集上进行实验验证，实验结果表明 LEMLL 取得了显著的最优结果；我们将标记增强应用于偏标记学习问题，提出了 PLLE 方法。PLLE 分为两个阶段，首先利用平滑假设，生成适配偏标记的标记分布，然后设计了面向该类标记分布数据的回归器。在偏标记数据集上进行的实验表明 PLLE 取得了显著的最优结果。

5.2　多标记学习

在多标记学习中，示例与多个标记关联。形式上，用 $\mathcal{X} = \mathbf{R}^q$ 表示 q 维特征空间，$\mathcal{Y} = \{y_1, y_2, \cdots, y_c\}$ 表示标记集合。给定一个多标记训练集 $\mathcal{D} = \{(x_i, l_i) \mid 1 \leqslant i \leqslant n\}$，其中 $x_i \in \mathcal{X}$ 是特征向量，$l_i \in \{0, 1\}^c$ 是逻辑标记向量，那么多标记学习的任务是学习一个多标记的预测，将特征向量的空间映射到标记向量的空间。

基于标记相关性的考虑，多标记学习算法可以分为三类：一阶算法，假设各类别标记相互独立[35,38,69]；二阶算法，考虑类别标记之间成对相关性[37,40,70]；高阶算法，考虑类别标记子集甚至所有类别的相关性[71-72,36]。这些多标记学习算法都将标记向量当作逻辑标记对待，即只区分相关标记与无关标记，而不考虑标记之间的重要程度的差异。因此，我们可以使用标记增强将标记分布恢复出来，接着用该标记分布数据训练 LDL 模型，进而使用 LDL 模型对新的示例进行预测，通过二值化即可得到该示例的逻辑标记。

　　然而在研究中发现，不同 LDL 算法对训练集中标记分布的利用机制不同，这两者的目标并不总是一致，这导致两者之间有可能出现匹配不佳的情况，从而影响学习系统整体性能的提升。因此，需要设计端到端的学习框架，将标记增强与 LDL 统一到同一学习框架内。因此，本人与合作者共同提出了基于标记增强的多标记学习算法（Label Enhanced Multi-Label Learning，LEMLL）。

5.2.1　LEMLL 方法

1. 算法框架

　　我们使用 d_i 表示示例 x_i 的标记分布。为了学习从示例到标记分布的映射，我们建立以下模型：

$$p_i = \Theta \varphi(x_i) + b \tag{5.1}$$

其中，Θ 和 b 是该模型的参数，$\varphi(x_i)$ 是一个非线性映射，将 x_i 映射到高维空间。该模型可以用下面的优化目标进行优化得到：

$$\min_{\Theta, b, D} \quad \sum_{i=1}^{n} L_r(r_i) + R \tag{5.2}$$

其中，L_r 是损失函数，R 表示正则项，$r_i = \|\boldsymbol{\xi}_i\|_2 = \sqrt{\boldsymbol{\xi}_i^{\mathrm{T}} \boldsymbol{\xi}_i}$，$\boldsymbol{\xi}_i = \boldsymbol{\mu}_i - \boldsymbol{p}_i$ 且 $D = [\boldsymbol{d}_1, \cdots, \boldsymbol{d}_n]^{\mathrm{T}}$。

使用 ε 不敏感损失（ϵ-insensitive loss）设计损失函数：

$$L_r(r) = \begin{cases} 0, & r < \varepsilon \\ r^2 - 2r\varepsilon + \varepsilon^2, & r \geq \varepsilon \end{cases} \tag{5.3}$$

为了控制模型的复杂度，使用如下正则：

$$R_1(\boldsymbol{\Theta}) = \|\boldsymbol{\Theta}\|_{\mathrm{F}}^2 \tag{5.4}$$

其中，$\|\boldsymbol{\Theta}\|_{\mathrm{F}}$ 表示矩阵 $\boldsymbol{\Theta}$ 的弗罗贝尼乌斯（Frobenius）范数。

由于逻辑标记可以当作标记分布的简化，因此标记分布应与逻辑标记较为接近：

$$R_2(\boldsymbol{D}, \boldsymbol{L}) = \|\boldsymbol{D} - \boldsymbol{L}\|_{\mathrm{F}}^2 \tag{5.5}$$

其中，$\boldsymbol{L} = [\boldsymbol{l}_1, \cdots, \boldsymbol{l}_n]^{\mathrm{T}}$ 是逻辑标记矩阵。

我们用图 $\mathcal{G} = (\boldsymbol{V}, \boldsymbol{E}, \boldsymbol{W})$ 表示特征空间的拓扑结构，其中顶点集合 $\boldsymbol{V}$ 表示训练样本，$\boldsymbol{E}$ 是边的集合，$\boldsymbol{W}$ 是图的边权重矩阵。假设示例分布的流形满足局部线性，即任意示例可以由它的 K-近邻的线性组合重构[28]，那么权重矩阵 $\boldsymbol{W}$ 可通过下式得到：

$$\begin{cases} \min\limits_{\boldsymbol{W}} & \sum\limits_{i=1}^{n} \left\| \boldsymbol{x}_i - \sum\limits_{j \neq i} W_{ij} \boldsymbol{x}_j \right\|^2 \\ \text{s. t.} & \sum\limits_{i=1}^{n} W_{ij} = 1 \end{cases} \tag{5.6}$$

我们可以将该问题转化为 n 个规划问题求解：

$$\begin{cases} \min\limits_{W_i} & W_i^T G_i W_i \\ \text{s. t.} & I^T W_i = 1 \end{cases} \tag{5.7}$$

其中，$(G_i)_{jk} = (x_i - x_j)^T (x_i - x_k)$。根据平滑假设，特征空间与标记空间共享相似的局部拓扑结构，因此我们将特征空间的权重矩阵迁移到标记空间，构建如下的正则：

$$R_3(W, D) = \| D - WD \|_F^2 = \text{tr}(D^T M D) \tag{5.8}$$

其中，$M = (I - W)^T (I - W)$。

将式（5.3）~式（5.5）、式（5.8）代入优化框架（5.2）中，得到如下优化目标：

$$\begin{cases} \min\limits_{\Theta, b, D} & \sum\limits_{i=1}^n L_r(r_i) + \alpha \| \Theta \|_F^2 + \beta \| D - L \|_F^2 + \gamma \text{tr}(D^T M D) \\ \text{s. t.} & r_i = \| \xi_i \|_2 = \sqrt{\xi_i^T \xi_i} \\ & \xi_i = \mu_i - \Theta \varphi(x_i) - b \\ & L_r(r) = \begin{cases} 0, & r < \varepsilon \\ r^2 - 2r\varepsilon + \varepsilon^2, & r \geq \varepsilon \end{cases} \end{cases} \tag{5.9}$$

2. 优化策略

为了解决式（5.9）的优化问题，我们采用交替优化策略。当我们固定 D 而优化 Θ 和 b 时，式（5.9）可以改写为

$$\begin{cases} \min_{\boldsymbol{\Theta},b} & \sum_{i=1}^{n} L_r(r_i) + \alpha \|\boldsymbol{\Theta}\|_F^2 \\ \text{s. t.} & r_i = \|\boldsymbol{\xi}_i\|_2 = \sqrt{\boldsymbol{\xi}_i^T \boldsymbol{\xi}_i} \\ \boldsymbol{\xi}_i = \boldsymbol{\mu}_i - \boldsymbol{\Theta}\varphi(\boldsymbol{x}_i) - \boldsymbol{b} \\ L_r(r) = \begin{cases} 0, & r < \varepsilon \\ r^2 - 2r\varepsilon + \varepsilon^2, & r \geqslant \varepsilon \end{cases} \end{cases} \quad (5.10)$$

注意到式（5.10）是典型的多输出支持向量回归（Multi-output Support Vector Regression，MSVR）[64]，因此 $\boldsymbol{\Theta}$ 和 $\boldsymbol{b}$ 可以通过训练一个 MSVR 模型得到。

当固定 $\boldsymbol{\Theta}$ 和 $\boldsymbol{b}$，优化 $\boldsymbol{D}$ 时，式（5.9）可以改写为

$$L(\boldsymbol{D}) = \sum_{i=1}^{n} L_r(r_i) + \beta \|\boldsymbol{D} - \boldsymbol{L}\|_F^2 + \gamma \mathrm{tr}(\boldsymbol{D}^T \boldsymbol{M} \boldsymbol{D}) \quad (5.11)$$

我们采用 Iterative Re-Weighted Least Square（IRWLS）优化式（5.11）。首先将 $L_r(r_i)$ 进行泰勒展开，则得到其二阶近似：

$$L_r''(r_i) = L_r(r_i^{(k)}) + \frac{\mathrm{d}L_r(r)}{\mathrm{d}r}\bigg|_{r_i^{(k)}} \frac{r_i^2 - (r_i^{(k)})^2}{2r_i^{(k)}}$$

$$= a_i r_i^2 + \tau \quad (5.12)$$

其中，

$$a_i = \frac{1}{2r_i^{(k)}} \frac{\mathrm{d}L_r(r)}{\mathrm{d}r}\bigg|_{r_i^{(k)}} = \begin{cases} 0, & r_i^{(k)} < \varepsilon \\ \dfrac{(r_i^{(k)} - \varepsilon)}{r_i^{(k)}}, & r_i^{(k)} \geqslant \varepsilon \end{cases} \quad (5.13)$$

τ 是一个与 $\boldsymbol{D}$ 无关的常量。将式（5.12）与式（5.13）

代入式 (5.11) 中, 可以得到以下目标函数:

$$L''(\boldsymbol{D}) = \sum_{i=1}^{n} \alpha_i r_i^2 + \beta \| \boldsymbol{D} - \boldsymbol{L} \|_{\mathrm{F}}^2 + \gamma \mathrm{tr}(\boldsymbol{D}^{\mathrm{T}} \boldsymbol{M} \boldsymbol{D}) + \nu$$

$$= \mathrm{tr}(\boldsymbol{\Xi}^{\mathrm{T}} \boldsymbol{K}_a \boldsymbol{\Xi}) + \beta \| \boldsymbol{U} - \boldsymbol{L} \|_{\mathrm{F}}^2 + \gamma \mathrm{tr}(\boldsymbol{D}^{\mathrm{T}} \boldsymbol{M} \boldsymbol{D}) + \nu \quad (5.14)$$

其中, $\boldsymbol{\Xi} = [\xi_1, \cdots, \xi_n]^{\mathrm{T}} = \boldsymbol{D} - \boldsymbol{P}, \boldsymbol{P} = [\boldsymbol{p}_1, \cdots, \boldsymbol{p}_n]^{\mathrm{T}}$, $(\boldsymbol{K}_a)_{ij} = a_i \Delta_{ij}$ (Δ_{ij} 是克罗内克 δ 函数), ν 是一个常量。进一步, 式 (5.14) 可以改写为

$$L''(\boldsymbol{D}) = \mathrm{tr}(\boldsymbol{D}^{\mathrm{T}}(\boldsymbol{K}_a + \beta \boldsymbol{I} + \gamma \boldsymbol{M}) \boldsymbol{D}) - 2\mathrm{tr}((\boldsymbol{K}_a \boldsymbol{P} + \beta \boldsymbol{L}) \boldsymbol{D}^{\mathrm{T}}) + \nu'$$

$$(5.15)$$

其中 ν' 是常量。为了最小化式 (5.15), 可以令其对于 $\boldsymbol{D}$ 的导数为零, 即

$$\frac{\partial L''(\boldsymbol{D})}{\partial \boldsymbol{D}} = 2(\boldsymbol{K}_a + \beta \boldsymbol{I} + \gamma \boldsymbol{M}) \boldsymbol{D} - 2(\boldsymbol{K}_a \boldsymbol{P} + \beta \boldsymbol{L}) = \boldsymbol{0} \quad (5.16)$$

因此可以得到

$$\boldsymbol{D} = (\boldsymbol{K}_a + \beta \boldsymbol{I} + \gamma \boldsymbol{M})^{-1} (\boldsymbol{K}_a \boldsymbol{P} + \beta \boldsymbol{L}) \quad (5.17)$$

式 (5.17) 作为最小化式 (5.11) 的方向, 下一次迭代 $\boldsymbol{D}^{(k+1)}$ 沿着该方向的线性搜索得到。

算法 5.1　LEMLL 算法

Input: 训练集特征矩阵 $\boldsymbol{X} = [\boldsymbol{x}_1, \cdots, \boldsymbol{x}_n]^{\mathrm{T}}$ 与逻辑标记矩阵 $\boldsymbol{L}$

Output: 预测模型参数 $\boldsymbol{\Theta}$ 和 $\boldsymbol{b}$

1: $\boldsymbol{D}^{(0)} \leftarrow \boldsymbol{0}$; $t \leftarrow 1$;

2: 通过式 (5.6) 构建 $\boldsymbol{W}$;

3: **repeat**

4: 　通过式 (5.10) 优化 $\boldsymbol{\Theta}^{(t)}$ 和 $\boldsymbol{b}^{(t)}$;

5： 通过式（5.1）更新 $\boldsymbol{P}^{(t)}$；

6： 通过式（5.17）和式（5.15）更新 $\boldsymbol{D}^{(t)}$；

7： $t \leftarrow t+1$；

8： **until** 收敛

9：输出 $\boldsymbol{\Theta}$ 和 $\boldsymbol{b}$

5.2.2 实验结果与分析

本次实验中，我们验证了经过标记增强后的多标记学习的有效性。首先，用标记增强算法（GLLE、LP、ML）恢复训练集中的标记分布。然后，使用 SA-BFGS 算法在恢复的标记分布数据上训练 LDL 模型。最终，用该 LDL 模型对测试示例进行预测，并用二值化将预测出的标记分布转化为多标记预测结果。这样可以与其他 MLL 算法进行比较。图 5.1 展示

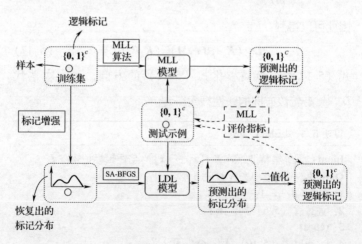

图 5.1　实验框架图

了该过程。而 LEMLL 算法作为端到端的多标记算法，可以直接在 MLL 训练集上运行。

1. 数据集

本实验使用 10 个多标记数据集[一]。表 5.1 列出了这些数据集的一些基本统计量。这些多标记数据集包含了广泛、多样的多标记数据，因此可以为对比实验提供可靠的支撑。

表 5.1　实验数据集的统计信息

序号	数据集	#Examples	#Features	#Labels
1	cal500	502	68	174
2	emotion	593	72	6
3	medical	978	1449	45
4	llog	1460	1004	75
5	enron	1702	1001	53
6	msra	1868	898	19
7	image	2000	294	5
8	scene	2407	294	5
9	slashdot	3782	1079	22
10	corel5k	5000	499	374

一　http：//mulan. sourceforge. net/datasets. htm。

2. 评价指标

本实验采用 5 种被广泛使用的 MLL 评价指标，分别是 hamming loss、one-error、coverage、ranking loss 和 average precision[33]。值得注意的是，这些评价指标的范围为 [0,1]。对于 average precision，值越大则算法的效果越好；对于其他 4 种评价指标，值越小则效果越好。这些评价指标是对比实验的有效指示，因为它们从各个不同方面评估学习模型的效果。

3. 实验设置

在本次实验中，我们使用以下 4 种 MLL 算法：

- Binary Relevance（BR）：这是一阶 MLL 算法，该算法将多标记学习问题分解为 q 个独立的二分类问题[35]。

- Calibrated Label Ranking（CLR）：这是二阶 MLL 算法，该算法将多标记学习问题转化为标记排序问题，其采用 preference learning 技术处理标记的顺序[37]。

- Ensemble of Classifier Chains（ECC）：这是高阶 MLL 算法，该算法将多标记学习问题转化为二分类的链（chain of binary classification），其中链中的基分类器将之前的基分类器预测结果作为额外的输入特征[72]。集成尺度（ensemble size）设置为 30。

- Random k-labelsets（RAKEL）：这是高阶 MLL 算法，

该算法将多标记学习问题转化为多分类的集成问题，其中每个多分类问题都通过 Label Powerset[73,33] 技术在随机的 k 标记集合产生。根据文献［36］的建议，集成尺度设置为 $2q$ 且 $k=3$。

上述 4 种 MLL 算法都使用了 MULAN 多标签学习包[74]，基学习器使用逻辑回归模型。除此之外，实验还对比了其他 3 种基于标记增强的算法，即 GLLE、LP 和 ML。都采用了相应文献中推荐的参数设置：LP 中的参数 α 设为 0.5，ML 的近邻数量 K 设置为 $c+1$，FCM 的参数 β 设为 2，KM 的核函数为高斯核函数。对于 GLLE，λ_1 和 λ_2 在 $\{10^{-2}, 10^{-1}, \cdots, 100\}$ 中选取，近邻数量 K 设为 $c+1$，核函数选择高斯核函数。对于 LEMLL，K 设置为 10，ϵ 设置为 0.1。α，β，γ 在 $\left\{\dfrac{1}{64}, \dfrac{1}{16}, \dfrac{1}{4}, 1, 4, 16, 64\right\}$ 中选取。

4. 实验结果

表 5.2 到表 5.6 列出了 4 种基于标记增强的算法和 4 种 MLL 算法的结果。每个数据集上的最好的结果都用粗体显示。对于每个评价指标，↓表示越小越好，↑表示越大越好。所有算法都使用了 10 折交叉验证。每个排序的序号都列在了实验结果旁边，每种算法的平均排序也列在了每个表的最后一行。

表 5.2　在 ranking loss↓ 下的各个算法的预测结果（mean±std（rank））

数据集	LEMLL	GLLE	LP	ML	BR	CLR	ECC	RAKEL
cal500	0.182±0.003（3）	**0.180±0.003**（1）	0.181±0.003（2）	0.203±0.004（4）	0.258±0.003（7）	0.239±0.026（6）	0.205±0.004（5）	0.444±0.005（8）
emotions	0.174±0.007（2）	**0.171±0.008**（1）	0.182±0.012（3）	0.195±0.012（4）	0.233±0.016（7）	0.222±0.014（5）	0.227±0.017（6）	0.254±0.020（8）
medical	0.027±0.005（3）	**0.024±0.004**（1）	0.034±0.006（5）	**0.024±0.004**（1）	0.091±0.005（6）	0.123±0.026（8）	0.032±0.007（4）	0.095±0.033（7）
llog	0.146±0.008（2）	0.149±0.010（3）	**0.125±0.005**（1）	0.164±0.008（5）	0.328±0.007（7）	0.190±0.015（6）	0.154±0.009（4）	0.412±0.010（8）
enron	**0.084±0.003**（1）	0.103±0.005（5）	0.091±0.003（3）	0.094±0.002（4）	0.312±0.009（8）	0.089±0.002（2）	0.120±0.004（6）	0.241±0.005（7）
image	**0.179±0.011**（1）	0.183±0.008（3）	0.181±0.008（2）	0.186±0.007（4）	0.314±0.014（8）	0.294±0.009（6）	0.276±0.005（5）	0.311±0.010（7）
scene	**0.086±0.003**（1）	0.095±0.004（3）	0.087±0.006（2）	0.096±0.010（4）	0.229±0.010（8）	0.127±0.003（5）	0.151±0.005（6）	0.205±0.008（7）
msra	**0.134±0.011**（1）	0.146±0.011（3）	0.141±0.014（2）	0.166±0.014（4）	0.368±0.021（8）	0.288±0.018（6）	0.332±0.047（7）	0.223±0.075（5）
slashdot	0.118±0.003（3）	0.115±0.004（2）	0.132±0.005（5）	0.110±0.003（1）	0.240±0.008（7）	0.260±0.007（8）	0.123±0.004（4）	0.190±0.005（6）
corel5k	0.134±0.002（3）	0.226±0.002（5）	0.145±0.002（4）	0.115±0.002（2）	0.416±0.003（7）	**0.114±0.002**（1）	0.292±0.003（6）	0.627±0.004（8）
Avg. Rank	2.1	2.8	3	3.4	7.4	5.4	5.4	7.2

表 5.3　在 one-error↓ 下的各个算法的预测结果（mean±std（rank））

数据集	LEMLL	GLLE	LP	ML	BR	CLR	ECC	RAKEL
cal500	0.122±0.017（4）	**0.115±0.013**（1）	0.120±0.015（3）	0.118±0.014（2）	0.921±0.025（8）	0.331±0.111（7）	0.191±0.021（5）	0.286±0.039（6）
emotions	**0.285±0.011**（1）	0.292±0.010（2）	0.303±0.027（3）	0.319±0.031（4）	0.375±0.027（7）	0.356±0.030（6）	0.353±0.040（5）	0.392±0.035（8）
medical	**0.140±0.010**（1）	0.158±0.010（2）	0.213±0.021（6）	0.158±0.016（3）	0.297±0.036（7）	0.688±0.143（8）	0.182±0.019（4）	0.208±0.071（5）

（续）

数据集	LEMLL	GLLE	LP	ML	BR	CLR	ECC	RAKEL
llog	0.782±0.021 (4)	**0.677±0.014 (1)**	0.748±0.011 (3)	0.684±0.017 (3)	0.884±0.011 (7)	0.900±0.019 (8)	0.785±0.009 (5)	0.838±0.014 (6)
enron	**0.241±0.013 (1)**	0.249±0.011 (2)	0.311±0.013 (4)	0.275±0.015 (3)	0.648±0.019 (8)	0.376±0.017 (5)	0.424±0.013 (7)	0.412±0.016 (6)
image	0.340±0.019 (2)	0.341±0.017 (3)	0.353±0.017 (4)	**0.277±0.017 (1)**	0.538±0.019 (8)	0.514±0.014 (6)	0.486±0.018 (5)	0.515±0.017 (7)
scene	**0.253±0.010 (1)**	0.272±0.006 (3)	0.270±0.016 (2)	0.277±0.018 (4)	0.475±0.014 (8)	0.371±0.008 (5)	0.373±0.008 (6)	0.444±0.012 (7)
msra	**0.051±0.019 (1)**	0.065±0.014 (2)	0.097±0.028 (4)	0.093±0.030 (3)	0.464±0.032 (8)	0.312±0.085 (6)	0.420±0.105 (7)	0.302±0.103 (5)
slashdot	**0.411±0.008 (1)**	0.414±0.010 (2)	0.558±0.009 (6)	0.415±0.010 (3)	0.734±0.017 (7)	0.979±0.003 (8)	0.481±0.014 (5)	0.453±0.005 (4)
corel5k	0.662±0.009 (2)	**0.656±0.006 (1)**	0.755±0.005 (6)	0.701±0.007 (4)	0.919±0.006 (8)	0.721±0.007 (5)	0.699±0.006 (3)	0.819±0.010 (7)
Avg. Rank	1.9	2	4.2	3	7.7	6.5	5.3	6.2

表 5.4　在 caption↓ 下的各个算法的预测结果（mean±std（rank））

数据集	LEMLL	GLLE	LP	ML	BR	CLR	ECC	RAKEL
cal500	0.748±0.008 (2)	0.748±0.006 (3)	**0.747±0.007 (1)**	0.803±0.010 (6)	0.852±0.014 (7)	0.794±0.010 (5)	0.788±0.008 (4)	0.971±0.001 (8)
emotions	0.308±0.007 (2)	**0.306±0.008 (1)**	0.318±0.031 (3)	0.328±0.011 (4)	0.363±0.015 (7)	0.351±0.016 (5)	0.356±0.013 (6)	0.381±0.019 (8)
medical	0.040±0.007 (3)	**0.039±0.006 (1)**	0.052±0.001 (5)	**0.039±0.006 (1)**	0.118±0.007 (7)	0.143±0.030 (8)	0.048±0.009 (4)	0.117±0.040 (6)
llog	**0.150±0.009 (1)**	0.157±0.011 (2)	0.159±0.006 (3)	0.167±0.009 (4)	0.377±0.008 (7)	0.225±0.016 (6)	0.192±0.010 (5)	0.459±0.011 (8)
enron	0.245±0.007 (3)	0.279±0.013 (5)	**0.242±0.005 (1)**	0.249±0.003 (4)	0.601±0.014 (8)	0.243±0.006 (2)	0.300±0.009 (6)	0.523±0.008 (7)
image	**0.196±0.010 (1)**	0.199±0.006 (3)	0.198±0.007 (2)	0.204±0.007 (4)	0.301±0.012 (8)	0.286±0.008 (6)	0.272±0.005 (5)	0.298±0.010 (7)

（续）

数据集	LEMLL	GLLE	LP	ML	BR	CLR	ECC	RAKEL
scene	**0.085±0.002** (1)	0.093±0.003 (2)	0.171±0.009 (6)	0.094±0.008 (3)	0.207±0.009 (8)	0.120±0.007 (4)	0.141±0.004 (5)	0.186±0.006 (7)
msra	0.544±0.017 (2)	0.563±0.016 (3)	**0.543±0.020** (1)	0.592±0.018 (4)	0.759±0.018 (8)	0.720±0.023 (6)	0.743±0.033 (7)	0.628±0.210 (5)
slashdot	0.137±0.004 (3)	0.127±0.004 (2)	0.148±0.005 (5)	**0.120±0.003** (1)	0.259±0.009 (7)	0.272±0.007 (8)	0.139±0.004 (4)	0.212±0.005 (6)
corel5k	0.322±0.004 (3)	0.492±0.004 (5)	0.328±0.005 (4)	0.273±0.004 (2)	0.758±0.003 (7)	**0.267±0.004** (1)	0.562±0.007 (6)	0.886±0.004 (8)
Avg. Rank	2.2	2.8	3.2	3.4	7.5	5.2	5.3	7.1

表 5.5 在 hamming loss↓下的各个算法的预测结果（mean±std（rank））

数据集	LEMLL	GLLE	LP	ML	BR	CLR	ECC	RAKEL
cal500	**0.137±0.002** (1)	0.138±0.002 (2)	0.167±0.004 (7)	0.141±0.002 (4)	0.214±0.004 (8)	0.165±0.005 (6)	0.146±0.002 (5)	0.138±0.002 (2)
emotions	**0.209±0.007** (1)	0.234±0.009 (3)	0.223±0.007 (2)	0.251±0.012 (4)	0.265±0.013 (6)	0.270±0.011 (8)	0.254±0.013 (5)	0.269±0.011 (7)
medical	0.011±0.001 (2)	0.012±0.001 (3)	0.017±0.001 (6)	0.012±0.001 (3)	0.022±0.003 (7)	0.024±0.002 (8)	0.013±0.001 (5)	**0.010±0.003** (1)
llog	**0.015±0.000** (1)	0.021±0.000 (6)	0.016±0.000 (2)	0.021±0.000 (6)	0.052±0.003 (8)	0.019±0.002 (5)	0.016±0.000 (2)	0.017±0.001 (4)
enron	**0.050±0.001** (1)	0.056±0.001 (2)	0.063±0.003 (5)	0.057±0.001 (3)	0.105±0.003 (8)	0.072±0.002 (7)	0.064±0.001 (6)	0.058±0.001 (4)
image	0.187±0.004 (3)	**0.183±0.007** (1)	0.190±0.005 (4)	0.185±0.007 (2)	0.287±0.008 (7)	0.305±0.005 (8)	0.244±0.005 (5)	0.286±0.007 (6)
scene	0.109±0.003 (3)	**0.103±0.002** (1)	0.127±0.005 (4)	0.104±0.006 (2)	0.184±0.005 (8)	0.181±0.004 (7)	0.133±0.002 (5)	0.171±0.005 (6)
msra	**0.187±0.009** (1)	0.205±0.008 (2)	0.279±0.017 (5)	0.266±0.008 (4)	0.404±0.037 (8)	0.342±0.033 (6)	0.353±0.037 (7)	0.237±0.079 (3)
slashdot	**0.041±0.001** (1)	0.047±0.001 (2)	0.060±0.002 (7)	0.047±0.001 (2)	0.130±0.003 (8)	0.058±0.001 (6)	0.049±0.001 (5)	0.048±0.001 (4)

（续）

数据集	LEMLL	GLLE	LP	ML	BR	CLR	ECC	RAKEL
corel5k	**0.009±0.000** (1)	0.010±0.000 (2)	0.024±0.000 (7)	0.010±0.000 (2)	0.027±0.000 (8)	0.011±0.001 (4)	0.015±0.001 (6)	0.012±0.001 (5)
Avg. Rank	1.6	2.5	5	3.3	7.7	6.6	5.2	4.3

表 5.6　在 average precision↑ 下的各个算法的预测结果（mean±std（rank））

数据集	LEMLL	GLLE	LP	ML	BR	CLR	ECC	RAKEL
cal500	0.497±0.005 (2)	**0.501±0.003** (1)	0.496±0.005 (3)	0.474±0.004 (4)	0.300±0.005 (8)	0.395±0.042 (6)	0.463±0.006 (5)	0.353±0.006 (7)
emotions	**0.792±0.005** (1)	0.790±0.006 (2)	0.779±0.012 (3)	0.768±0.013 (4)	0.730±0.015 (7)	0.742±0.016 (5)	0.740±0.021 (6)	0.717±0.023 (8)
medical	**0.891±0.011** (1)	0.879±0.011 (3)	0.837±0.018 (5)	0.881±0.014 (2)	0.762±0.022 (6)	0.400±0.062 (8)	0.860±0.015 (4)	0.700±0.234 (7)
llog	0.337±0.012 (5)	**0.414±0.010** (1)	0.390±0.009 (3)	0.396±0.009 (2)	0.215±0.009 (6)	0.194±0.018 (8)	0.342±0.009 (4)	0.197±0.013 (7)
enron	**0.678±0.006** (1)	0.678±0.007 (2)	0.661±0.007 (4)	0.670±0.005 (3)	0.381±0.009 (8)	0.610±0.008 (5)	0.559±0.008 (6)	0.539±0.006 (7)
image	**0.783±0.012** (1)	0.780±0.010 (2)	0.775±0.009 (3)	0.775±0.008 (4)	0.649±0.012 (8)	0.666±0.008 (6)	0.685±0.008 (5)	0.661±0.010 (7)
scene	**0.850±0.005** (1)	0.837±0.004 (3)	0.842±0.009 (2)	0.834±0.012 (4)	0.692±0.010 (8)	0.778±0.004 (5)	0.766±0.005 (6)	0.713±0.008 (7)
msra	**0.816±0.014** (1)	0.802±0.013 (2)	0.800±0.020 (3)	0.775±0.015 (4)	0.540±0.015 (8)	0.624±0.022 (5)	0.567±0.048 (7)	0.601±0.200 (6)
slashdot	**0.683±0.007** (1)	0.676±0.006 (2)	0.579±0.009 (6)	0.675±0.007 (3)	0.427±0.014 (7)	0.250±0.007 (8)	0.628±0.009 (4)	0.617±0.004 (5)
corel5k	**0.293±0.003** (1)	0.271±0.003 (4)	0.241±0.002 (6)	0.284±0.002 (2)	0.123±0.003 (7)	0.274±0.002 (3)	0.264±0.003 (5)	0.122±0.004 (8)
Avg. Rank	1.6	2.3	3.9	3.3	7.4	6	6.3	7

当我们注意算法的平均排序时，可以看出 LEMLL 比其他基于标记增强的 MLL 算法显著更优。当与 4 种 MLL 算法比较时，LEMLL 在 90% 的情况下排第一，在 10% 的情况下排第二；GLLE 在 86% 的情况下排第一，在 12% 的情况下排第二；LP 在 60% 的情况下排第一，在 22% 的情况下排第二；ML 在 78% 的情况下排第一，在 18% 的情况下排第二。因此，相比于 MLL 算法，基于标记增强的算法达到显著的更优效果。

5.3　偏标记学习

在偏标记学习（partial label learning）框架下，每个对象可同时获得多个语义标记，但其中仅有一个标记是真实语义[75-77]。近些年，在诸多现实世界问题上，偏标记学习得到了广泛应用。例如，网络挖掘[78]、多媒体内容分析[79-80]、生物信息分析等[81-82]。

偏标记学习框架的定义如下：假设 $\mathcal{X} = \mathbf{R}^q$ 表示示例空间，$\mathcal{Y} = \{y_1, y_2, y_3, \cdots, y_c\}$ 表示标记空间。给定偏标记训练集合 $\mathcal{D} = \{(\boldsymbol{x}_i, S_i) \mid 1 \leq i \leq n\}$，其中 $\boldsymbol{x}_i \in \mathcal{X}$ 是 q 维特征向量，$S_i \subseteq \mathcal{Y}$ 是与 $\boldsymbol{x}_i$ 对应的候选标记集合，且 $\boldsymbol{x}_i$ 的真实标记 y_i 在 S_i 中。基于此，偏标记学习的任务是基于训练集 $\mathcal{D}$ 得到多分类器 $f: \mathcal{X} \mapsto \mathcal{Y}$。

在偏标记学习的框架下，学习系统面临的监督信息不再具有单一性和明确性，其真实的语义信息湮没于候选标记集合中，使得对象的学习建模变得十分困难。为了设计有效的学习算法，一种直观的思路是对偏标记对象的候选标记集合进行消歧，即在候选标记集合中，确定偏标记对象对应的真实标记。消歧策略主要分为两类，即基于辨识的消歧和基于平均的消歧。基于辨识的消歧将偏标记对象的真实标记作为隐变量，采用迭代的方法优化内嵌隐变量的目标函数实现消歧[82-84,81,76-77]。基于平均的消歧赋予偏标记对象的各个候选标记相同的权重，通过综合学习模型在各候选标记上的输出实现消歧[75,85-86]。

大多数现有偏标记算法将弱监督学习技术应用于偏标记数据中。例如文献［85-86］通过 K 个近邻的候选标记集合的投票，确定待测示例的真实标记。文献［84，87］通过候选标记集合与非候选标记集合的区分度确定分类间隔。文献［82］通过 boosting 技术，在每轮更新训练样本权重和候选标记的置信度。PL-ECOC 算法[87] 通过 ECOC 编码矩阵[88-89] 将各示例转化为二值化样本，而通过判断偏标记样本 (x_i, S_i) 对应的候选标记集合是否完全落入编码矩阵中，偏标记样本被当作一个正相关或负相关样本。

我们可以通过标记增强，为每个标记分配一个描述度，从而取代消歧。为了适应偏标记数据，我们将标记分布进行拓展：①$d_x^{y_j} \in (0,1)$，$\forall y_j \in S_i$ 表示候选标记的标记相关程度；②$d_x^{y_j} \in (-1,0)$，$\forall y_j \notin S_i$ 表示非候选标记的标记无关程度。在下一节中将介绍基于标记增强的偏标记学习算法。与采用消歧策略的传统偏标记算法不同，该算法通过恢复数据集中的标记分布并引入回归模型，解决偏标记学习问题。

5.3.1　PLLE 方法

偏标记学习中的样本为 $(\boldsymbol{x}_i, S_i)$，其逻辑标记为 $\boldsymbol{l}_i = (l_{\boldsymbol{x}_i}^{y_1}, l_{\boldsymbol{x}_i}^{y_2}, \cdots, l_{\boldsymbol{x}_i}^{y_c})^{\top} \in \{-1,1\}^c$ 表示标记 y_j 是否属于候选标记集合。而偏标记样本对应的标记分布为 $\boldsymbol{d}_i = (d_{\boldsymbol{x}_i}^{y_1}, d_{\boldsymbol{x}_i}^{y_2}, \cdots, d_{\boldsymbol{x}_i}^{y_c})^{\top}$，$d_x^{y_j} \in (0,1)$，$\forall y_j \in S_i$ 且 $d_x^{y_j} \in (-1,0)$，$\forall y_j \notin S_i$。而 PLLE 算法由两个阶段组成，分别是标记分布恢复与预测模型设计。

首先，使用标记增强算法生成适配于偏标记的标记分布。可以用下面的模型对标记分布进行描述：

$$\boldsymbol{d}_i = \boldsymbol{W}^{\top} \boldsymbol{\varphi}(\boldsymbol{x}_i) + \boldsymbol{b} = \hat{\boldsymbol{W}} \boldsymbol{\phi}_i \tag{5.18}$$

其中，$\boldsymbol{W} = [\boldsymbol{w}^1, \cdots, \boldsymbol{w}^c]$ 是一个权重矩阵，$\boldsymbol{b} \in \mathbf{R}^c$ 是偏置向量。$\boldsymbol{\varphi}(\boldsymbol{x})$ 是一个非线性映射，将 $\boldsymbol{x}$ 映射到一个更高维度的特征空间。为了方便描述，记 $\hat{\boldsymbol{W}} = [\boldsymbol{W}^{\top}, \boldsymbol{b}]$ 且 $\boldsymbol{\phi}_i = [\boldsymbol{\varphi}(\boldsymbol{x}_i); 1]$。因此，我们的目标是确定最优参数 $\hat{\boldsymbol{W}}^*$，使得该模型在给定示例 $\boldsymbol{x}_i$ 时可以产生合理的标记分布 $\boldsymbol{d}_i$。为了使该标记分布与初始的偏标记保持一定的联系，我们采用

Frobenius 范数：

$$L(\hat{\boldsymbol{W}}) = \|\hat{\boldsymbol{W}}\boldsymbol{\Phi} - L\|_{\mathrm{F}}^2 \tag{5.19}$$

根据平滑假设[54]，两个相互靠近的示例极大可能具有相同的标记。直观地发现，如果 $\boldsymbol{x}_i$ 和 $\boldsymbol{x}_j$ 具有很高的相似度（可用 a_{ij} 度量），那么 $\boldsymbol{d}_i$ 和 $\boldsymbol{d}_j$ 应该彼此接近，我们使用 $R(\hat{\boldsymbol{W}})$ 进行刻画：

$$\begin{aligned} R(\hat{\boldsymbol{W}}) &= \sum_{i,j} a_{ij} \|\boldsymbol{d}_i - \boldsymbol{d}_j\|^2 \\ &= \mathrm{tr}(\boldsymbol{D}\boldsymbol{G}\boldsymbol{D}^\top) \\ &= \mathrm{tr}(\hat{\boldsymbol{W}}\boldsymbol{\Phi}\boldsymbol{G}\boldsymbol{\Phi}^\top\hat{\boldsymbol{W}}^\top) \end{aligned} \tag{5.20}$$

其中，$\boldsymbol{G} = \hat{\boldsymbol{A}} - \boldsymbol{A}$ 是图的拉普拉斯矩阵，且 $\hat{\boldsymbol{A}}$ 是对角矩阵，该矩阵的元素是 $\hat{a}_{ii} = \sum_{j=1}^n a_{ij}$。示例间相似度矩阵 $\boldsymbol{A}$ 由下式计算：

$$a_{ij} = \exp\left(-\frac{\|\boldsymbol{x}_i - \boldsymbol{x}_j\|^2}{2\sigma^2}\right) \tag{5.21}$$

为了保证增强过程中标记分布与偏标记的正负标记一致并满足合理的取值范围，我们需要对增强过程添加限制条件：

$$\forall 1 \leq i \leq n, \quad 1 \leq j \leq c, \quad 0 < d_{\boldsymbol{x}_i}^{y_j} l_{\boldsymbol{x}_i}^{y_j} < 1 \tag{5.22}$$

最终，我们得到如下的优化问题：

$$\begin{cases} \min_{\hat{\boldsymbol{w}}} & \|\hat{\boldsymbol{W}}\boldsymbol{\Phi} - L\|_{\mathrm{F}}^2 + \lambda\,\mathrm{tr}(\hat{\boldsymbol{W}}\boldsymbol{\Phi}\boldsymbol{G}\boldsymbol{\Phi}^\top\hat{\boldsymbol{W}}^\top) \\ \text{s. t.} & 0 < d_{\boldsymbol{x}_i}^{y_j} l_{\boldsymbol{x}_i}^{y_j} < 1, \quad \forall 1 \leq i \leq n \end{cases} \tag{5.23}$$

式（5.23）可以转化为下面的二次规划问题：

$$\begin{cases} \min\limits_{\hat{\boldsymbol{w}}^j} & \hat{\boldsymbol{w}}^j(\boldsymbol{\Phi\Phi}^\top + 2\lambda\boldsymbol{\Phi G\Phi}^\top)\hat{\boldsymbol{w}}^{j\top} - 2\hat{\boldsymbol{w}}^j\boldsymbol{\Phi}\boldsymbol{l}^j \\ \text{s. t.} & 0 < d_{\boldsymbol{x}_i}^{y_i} y_{\boldsymbol{x}_i}^{y_i} < 1, \quad \forall\, 1 \leqslant i \leqslant n \end{cases} \quad (5.24)$$

其中，$\hat{\boldsymbol{w}}^j$ 是参数矩阵 $\hat{\boldsymbol{W}}$ 的第 j 行，$\boldsymbol{l}^j$ 是逻辑标记矩阵 $\boldsymbol{L}$ 的第 j 行。通过解该二次规划问题得到 $\hat{\boldsymbol{W}}^*$，则可以通过式（5.18）得到。

为了能够处理生成的标记分布数据，我们设计了一种类似于 **MSVR** 的回归器。该回归器不仅考虑输出值与真实值之间的距离，也尽量保持输出值与真实值的符号一致。该回归器的目标函数为

$$\Omega(\boldsymbol{\Theta},\ \boldsymbol{b}) = \frac{1}{2}\sum_{j=1}^{c} \|\boldsymbol{\theta}^j\|^2 + C_1\sum_{i=1}^{n}\Omega_{1i} + C_2\sum_{i=1}^{n}\Omega_{2i} \quad (5.25)$$

其中，$\boldsymbol{\Theta} = [\boldsymbol{\theta}^1, \cdots, \boldsymbol{\theta}^c]$，$\boldsymbol{b} = [b^1, \cdots, b^c]$，$\Omega_1$ 和 Ω_2 分别是回归损失和符号一致损失。

$\Omega(\boldsymbol{\Theta}, b)$ 的第一项是为了控制模型的复杂度。Ω_1 为考虑输出值与真实值之间距离的回归损失：

$$\Omega_{1i} = \begin{cases} 0, & r_i < \varepsilon \\ r_i^2 - 2r_i\varepsilon + \varepsilon^2, & r_i \geqslant \varepsilon \end{cases} \quad (5.26)$$

其中，$r_i = \|\boldsymbol{e}_i\| = \sqrt{\boldsymbol{e}_i^\top \boldsymbol{e}_i}$，$\boldsymbol{e}_i = \boldsymbol{d}_i - \varphi(\boldsymbol{x}_i)^\top \boldsymbol{\Theta} - \boldsymbol{b}$。这是基于二范数的 ϵ 不敏感损失（ϵ-insensitive loss），即损失小于 ϵ 的将会被忽略。

Ω_2 使得预测的输出值的正负与逻辑标记尽量保持一致：

$$\Omega_{2i} = -\sum_{j=1}^{c} l_i^j (\varphi(x_i)^\top \theta^j + b^j) \qquad (5.27)$$

为了最小化目标函数 $\Omega(\Theta, b)$，我们通过一阶泰勒展开得到 $\Omega(\Theta, b)$ 第 k 轮迭代的近似：

$$\Omega_{1i}' = \Omega_{1i}^{(k)} + \frac{\mathrm{d}\Omega_1}{\mathrm{d}r}\bigg|_{r_i^{(k)}} \frac{(e_i^{(k)})^\top}{r_i^{(k)}}(e_i - e_i^{(k)}) \qquad (5.28)$$

其中 $e_i^{(k)}$ 和 $r_i^{(k)}$ 通过 $\Theta^{(k)}$ 和 $b^{(k)}$ 计算得到。则二次近似为

$$\Omega_{1i}'' = \Omega_{1i}^{(k)} + \frac{\mathrm{d}\Omega_1}{\mathrm{d}r}\bigg|_{r_i^{(k)}} \frac{r_i^2 - (r_i^{(k)})^2}{2r_i^{(k)}} \qquad (5.29)$$

$$= \frac{1}{2} a_i r_i^2 + \tau$$

其中，

$$a_i = \frac{1}{r_i^{(k)}} \frac{\mathrm{d}\Omega_1}{\mathrm{d}r}\bigg|_{r_i^{(k)}} = \begin{cases} 0, & r_i^{(k)} < \varepsilon \\ \dfrac{2(r_i^{(k)} - \varepsilon)}{r_i^{(k)}}, & r_i^{(k)} \geq \varepsilon \end{cases} \qquad (5.30)$$

且 τ 为常数。将式（5.27）和式（5.29）代入式（5.25），得

$$\Omega''(\Theta, b) = \frac{1}{2} \sum_{j=1}^{c} \|\theta^j\|^2 + \frac{1}{2} C_1 \sum_{i=1}^{n} a_i r_i^2 -$$

$$C_2 \sum_{i=1}^{n} \sum_{j=1}^{c} l_i^j (\varphi(x_i)^\top \theta^j + b^j) + \tau \qquad (5.31)$$

该优化问题可以转换为 $j = 1, \cdots, c$ 个线性问题：

$$\begin{bmatrix} C_1 \Phi^\top F \Phi + I & C_1 \Phi^\top a \\ C_1 a^\top \Phi & C_1 \mathbf{1}^\top a \end{bmatrix} \begin{bmatrix} \theta^j \\ b^j \end{bmatrix} = \begin{bmatrix} C_1 \Phi^\top F d^j + C_2 \Phi^\top l^j \\ C_1 a^\top d^j + C_2 \mathbf{1}^\top l^j \end{bmatrix}$$

$$(5.32)$$

其中，$\boldsymbol{\Phi} = [\varphi(\boldsymbol{x}_1), \cdots, \varphi(\boldsymbol{x}_n)]^\top$，$\boldsymbol{a} = [a_1, \cdots, a_n]^\top$，$F_i^k = a_i \delta_i^k$（$\delta_i^k$ 是克罗内克 δ 函数），$\boldsymbol{l}^j = [l_1^j, \cdots, l_n^j]^\top$。式（5.32）的最优解的方向作为优化 $\Omega(\boldsymbol{\Theta}, b)$ 的下降方向，而下一轮迭代通过在该方向上使用线性搜索算法得到。

通过上述方法得到 $\boldsymbol{\Theta}^*$ 和 $\boldsymbol{b}^*$ 后，对于测试示例 $\boldsymbol{x}$ 进行预测：

$$f(\boldsymbol{x}) = \underset{y_j \in \mathcal{Y}}{\arg\max}\, \varphi(\boldsymbol{x})^\top \boldsymbol{\theta}^{*j} + b^{*j} \qquad (5.33)$$

5.3.2 实验结果与分析

1. 数据集

表 5.7 总结了本次实验所用的 UCI 数据集[93]。具体地，按照偏标记实验常用的设定[75-76,81,87]，通过三种参数 p、r 和 ϵ 改造 UCI 数据集，从而生成人造偏标记数据集。其中，p 控制偏标记示例的比例（即 $|S_i| > 1$），r 控制在候选标记集合中错误标记数目（即 $|S_i| = r+1$），而 ϵ 控制额外的候选标记与真实标记同时存在的概率。一共有 $28(4 \times 7)$ 种配置产生人造偏标记数据集，见表 5.7。

表 5.7　UCI 数据集的统计信息

数据集	#Examples	#Features	#Labels
glass	214	9	6
ecoli	336	7	8

（续）

数据集	#Examples	#Features	#Labels
deter	358	23	6
vehicle	846	18	4
abalone	4 177	7	29
usps	9 298	256	10

配置：
① $r=1, p \in \{0.1, 0.2, \cdots, 0.7\}$
② $r=2, p \in \{0.1, 0.2, \cdots, 0.7\}$
③ $r=3, p \in \{0.1, 0.2, \cdots, 0.7\}$
④ $p=1, r=1, \epsilon \in \{0.1, 0.2, \cdots, 0.7\}$

表 5.8 总结了本次实验使用的偏标记真实数据集，并记录了各个数据集中候选标记集合的平均标记数量（avg. #CLs）。这些数据集都是从具体应用中收集的：FG-NET[90] 收集人脸年龄估计，Lost[75]、Soccer Player[79] 和 Yahoo！News 收集图像或视频的自动命名，MSRCv2[81] 收集目标分类，BirdSong[91] 收集鸟类声音分类。

表 5.8   实验所用的真实偏标记数据集的统计信息

数据集	#Examples	#Features	#Class Labels	avg. #CLs	任务域
FG-NET	1 002	262	78	7.48	facial age estimation[90]
Lost	1 122	108	16	2.23	automatic face naming[75]
MSRCv2	1 758	48	23	3.16	object classification[81]
BirdSong	4 998	38	13	2.18	bird song classification[91]
Soccer Player	17 472	279	171	2.09	automatic face naming[79]
Yahoo！News	22 991	163	219	1.91	automatic face naming[92]

2. 实验设置

我们使用了如下 6 种偏标记算法作为对比算法：

- CLPL[75] 通过特征映射将偏标记问题转换为二分类问题 [推荐设置：SVM]。
- PL-KNN[85] 采用 K 近邻技术通过投票的方式处理偏标记学习问题 [推荐设置：$K = 10$]。
- PL-SVM[84] 采用最大间隔技术处理偏标记学习问题 [推荐设置：正则项超参数 10^{-3}, …, 10^3]。
- LSB-CMM[81] 采用混合模型和最大似然方法处理偏标记学习问题 [推荐设置：$5q$ 个混合组件]。
- PL-LEAF[94] 采用基于特征消歧方法解决偏标记问题 [推荐设置：$K = 10$, $C_1 = 10$, $C_2 = 1$]。
- PL-ECOC[82] 通过 ECOC 编码矩阵将偏标记问题转换为二分类学习问题 [推荐设置：$L = \lceil 10 \log_2(q) \rceil$]。

对于 PLLE，其超参数设置为 $\lambda = 0.01, K = 20, C_1 = 1, C_2 = 1$，核函数为高斯核函数。

3. 实验结果

对于改造 UCI 数据集上的实验，图 5.2~图 5.4 分别展示了 p 在 $[0.1, 0.2, \cdots, 0.7]$ 且 $r = 1$, $r = 2$, $r = 3$ 配置下各个算法的分类结果。图 5.5 展示了 ϵ 在 $[0.1, 0.2, \cdots, 0.7]$ 且 $p = 1$, $r = 1$ 配置下各个算法的分类结果。

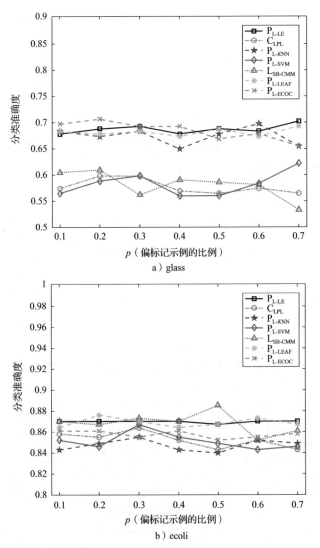

a) glass

b) ecoli

图 5.2　p 在 $[0.1, 0.2, \cdots, 0.7]$（$r=1$）上的各算法分类准确度

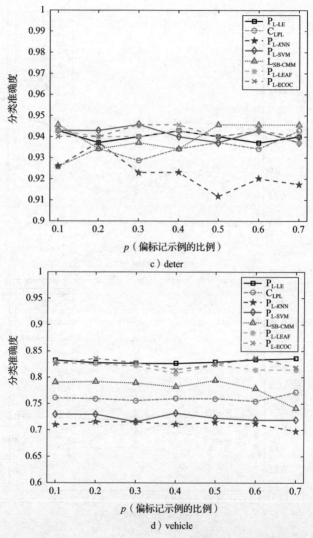

c）deter

d）vehicle

图 5.2　p 在 $[0.1,0.2,\cdots,0.7]$（$r=1$）上的各算法分类准确度（续）

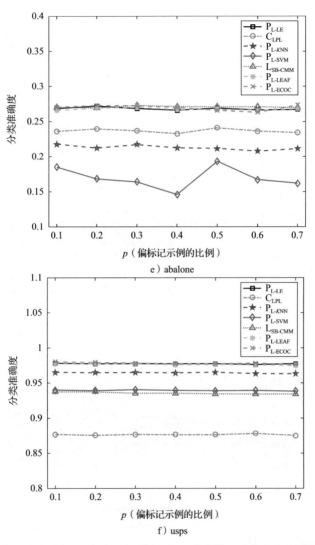

e）abalone

f）usps

图 5.2　*p* 在[0.1,0.2,…,0.7]（*r*=1）上的各算法分类准确度（续）

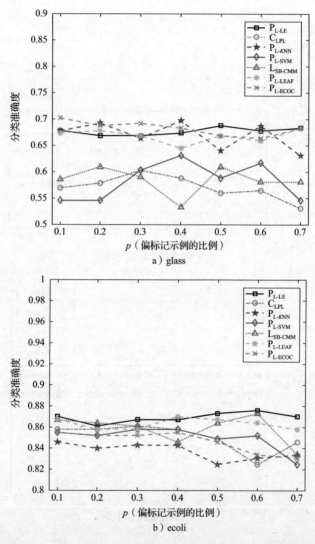

图 5.3 p 在 $[0.1, 0.2, \cdots, 0.7]$ ($r=2$) 上的各算法分类准确度

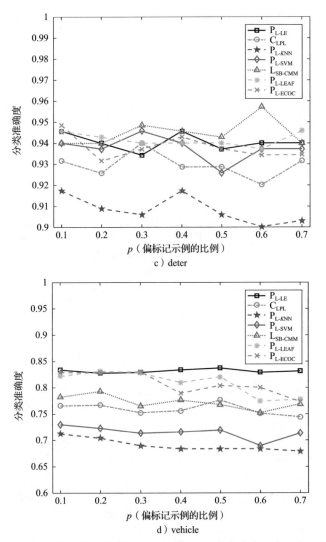

c）deter

d）vehicle

图 5.3 p 在 $[0.1,0.2,\cdots,0.7]$（$r=2$）上的各算法分类准确度（续）

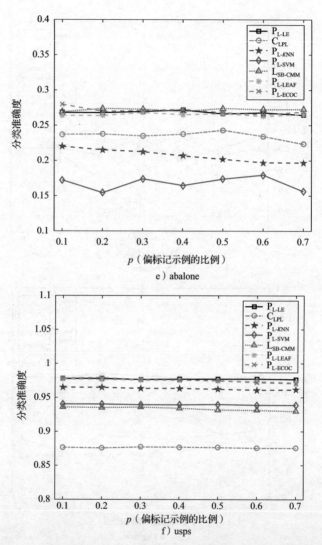

e）abalone

f）usps

图 5.3　p 在 $[0.1, 0.2, \cdots, 0.7]$（$r=2$）上的各算法分类准确度（续）

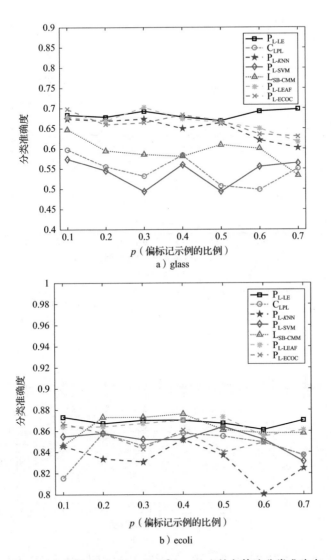

a）glass

b）ecoli

图5.4 p 在 $[0.1, 0.2, \cdots, 0.7]$（$r=3$）上的各算法分类准确度

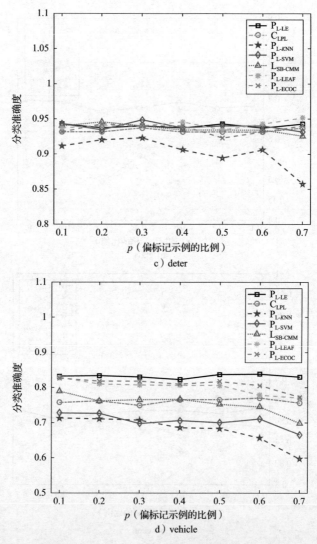

c）deter

d）vehicle

图 5.4　p 在 $[0.1, 0.2, \cdots, 0.7]$（r=3）上的各算法分类准确度（续）

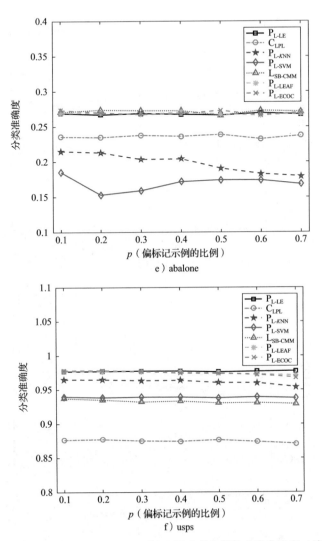

图 5.4　p 在 $[0.1, 0.2, \cdots, 0.7]$（$r=3$）上的各算法分类准确度（续）

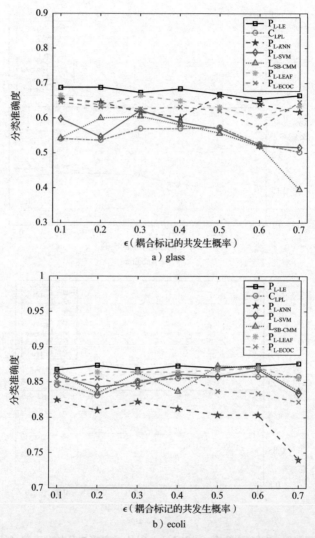

a）glass

b）ecoli

图 5.5　ϵ 在 $[0.1,0.2,\cdots,0.7]$（r=1）上的各算法分类准确度

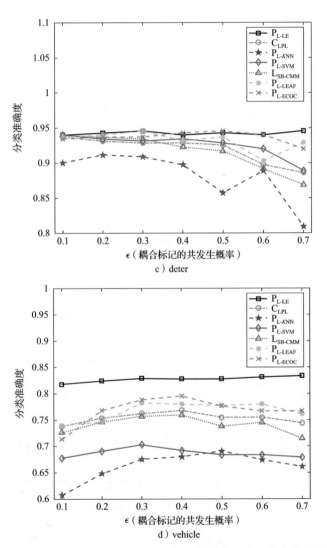

c) deter

d) vehicle

图5.5　ϵ在$[0.1,0.2,\cdots,0.7]$（r=1）上的各算法分类准确度（续）

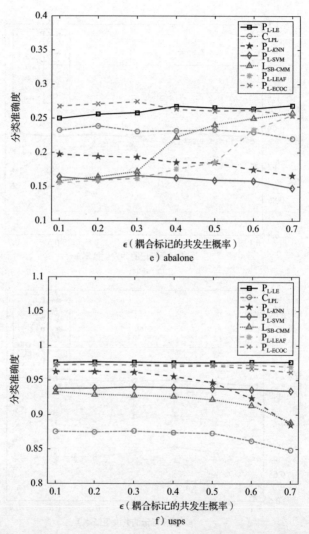

e）abalone

f）usps

图 5.5　ϵ 在 [0.1,0.2,…,0.7]（r=1）上的各算法分类准确度（续）

通过上述结果可以看出，PLLE 比其他对比算法具有更好的表现。我们在十折交叉验证上使用显著性水平为 0.05 的配对 t 检测并进行了记录。表 5.9 展示了 PLLE 与其他对比算法的 win/tie/loss 计数。特别地，通过 168 统计测试（28 种配置×6 个数据集），我们可以看到：

- 对于所有配置和数据集来说，没有一种对比算法比 PLLE 显著更优。
- 相比于基于平均消歧策略的算法来说，PLLE 分别在 62.5% 和 60.1% 的情况下比 CLPL 和 PL-KNN 显著更优。
- 相比于基于辨识消歧策略的算法来说，PLLE 分别在 60.7% 和 37.5% 的情况下比 PL-SVM 和 LSB-CMM 显著更优。

表 5.9　PLLE 与其他对比算法的 win/tie/loss 计数
（显著性水平为 0.05 的配对 t 检测）

	PLLE against					
	CLPL	PL-KNN	PL-SVM	LSB-CMM	PL-LEAF	PL-ECOC
变化 $p[r=1]$	26/16/0	20/20/0	23/19/0	12/30/0	0/42/0	0/42/0
变化 $p[r=2]$	27/15/0	26/16/0	24/18/0	12/30/0	0/42/0	1/41/0
变化 $p[r=3]$	27/15/0	25/17/0	27/15/0	15/27/0	2/40/0	1/41/0
变化 $\epsilon[p,r=1]$	25/17/0	28/14/0	28/14/0	24/18/0	8/34/0	6/36/0
总计	**105/63/0**	**101/67/0**	**102/66/0**	**63/105/0**	**10/158/0**	**8/160/0**

表 5.10 显示了各算法在真实偏标记数据集上的实验结果。

表 5.10　各个算法在真实数据集上的分类准确率（mean±std）

	FG-NET	Lost	MSRCv2	BirdSong	Soccer Player	Yahoo! News
PLLE	0.082±0.023	0.773±0.043	0.499±0.037	0.730±0.013	0.536±0.020	0.653±0.006 ●
CLPL	0.063±0.027	0.742±0.038	0.413±0.041 ●	0.632±0.019 ●	0.368±0.010 ●	0.462±0.009 ●
PL-KNN	0.038±0.025 ●	0.424±0.036 ●	0.448±0.037 ●	0.614±0.021 ●	0.497±0.015 ●	0.457±0.004 ●
PL-SVM	0.063±0.029	0.729±0.042 ●	0.461±0.046	0.660±0.037 ●	0.464±0.011 ●	0.629±0.010 ●
LSB-CMM	0.059±0.025	0.693±0.035 ●	0.473±0.037	0.672±0.056 ●	0.498±0.017 ●	0.645±0.005 ●
PL-LEAF	0.076±0.037	0.717±0.059 ●	0.498±0.035	0.723±0.013	0.532±0.017	0.641±0.006 ●
PL-ECOC	0.040±0.018 ●	0.653±0.053 ●	0.440±0.039 ●	0.731±0.013	0.494±0.015 ●	0.610±0.009 ●

注：●/○ 表示显著优于/低于对比算法（显著性水平为 0.05 的配对 t 检测）。

我们在十折交叉验证上使用显著性水平为 0.05 的配对 t 检测并进行了记录。基于实验结果，可以得出以下结论：

- 对于所有数据集，相比于其他偏标记算法，PLLE 达到了显著最优或至少可比较的效果。
- 对于所有数据集，PLLE 显著优于 PL-KNN。
- 在 FG-NET、Lost、MSRCv2、Soccer Player 和 Yahoo! News 上，PLLE 显著优于 PL-ECOC。

5.4 本章小结

标记分布是对多义性数据标记信息的更为贴近本质的表示，这是因为在多义性数据中，相关标记的"相关程度"具有显著差别，而无关标记的"无关程度"往往也有显著差别。这种标记程度差异现象在多义性机器学习任务中广泛存在，逻辑标记几乎完全忽视了这种现象，而标记分布通过连续的"描述度"来显式表达每个标记与数据对象的关联强度，解决了标记强度存在差异的问题。逻辑标记空间中，所有样本只能分布在单位超立方体的顶点上。而经标记增强后得到的标记分布空间中，每个维度表示一个 [0,1] 范围内的描述度，即标记分布空间中的样本分布在单位超立方体内。相比原始的逻辑标记空间，标记增强后的标记分布空间显然包含了更多类别监督信息。因此，标记增强对探索类别监督信息的本质具有重要意义，可以为其他学习问题提供新的解决思路。

　　本章将标记增强应用于多标记学习与偏标记学习问题上，提出了面向多标记学习的 LEMLL 方法以及面向偏标记学习的 PLLE 方法。本章在大量数据集上进行了实验验证。基于标记增强的方法取得了显著最优结果，表明了标记增强能够为解决多义性学习问题提供新的思路。

**　　本章的主要工作已总结成文，包括：**

［1］　**XU N**，LV J Q，GENG X. Partial Label Learning via Label Enhancement ［C］//Proceedings of the 33rd AAAI Conference on Artificial Intelligence. Honolulu，HI：AAAI 2019：5557-5564.（CCF A 类会议）

［2］　**XU N**，LIU Y P，GENG X. Partial Multi-Label Learning with Label Distribution ［C］//Proceedings of the 34th AAAI Conference on Artificial Intelligence. New York，NY：AAAI，2020 34（4）：6510-6517.（CCF A 类会议）

［3］　SHAO R F，**XU N**，GENG X. Multi-label Learning with Label Enhancement ［C］//Proceedings of the 18th IEEE International Conference on Data Mining. Singapore：IEEE 2018：437-446.（CCF B 类会议）

第 6 章

总结与展望

6.1 总结

　　学习过程中的多义性是当前国际机器学习领域的一个重要研究内容，解决标记端多义性问题的主要手段是多标记学习。然而，标记强度差异现象在多义性机器学习任务中广泛存在，而既有多标记学习研究中普遍采用的相关/无关两个子集的逻辑划分法几乎完全忽视了这种现象，造成学习过程中不可避免的信息损失。针对这一突出问题，有必要用标记分布来代替逻辑标记对示例的类别信息进行描述。标记分布通过连续的描述度来显式表达每个标记与数据对象的关联强度，很自然地解决了标记强度存在差异的问题。由于描述度的标注成本更高且常常没有客观的量化标准，现实任务中大量的多义性数据仍然是以简单逻辑标记标注的。为此我们提出了标记增强这一概念。标记增强在不增加额外数据标注负担的前提下，挖掘训练样本中蕴含的标记重要性差异信息，将逻辑标记转化为标记分布。对标记增强的研究不仅能为扩展 LDL 范式的适用性提供有力支撑，而且对于探索类别监督信息的本质具有重要意义，有望为传统机器学习研究中的焦点问题提供新的解决思路。

本书对标记增强的若干重要问题进行研究，主要取得以下创新成果：

在第 3 章中，构建了标记增强基础理论框架。该理论框架回答了以下三个问题：第一，标记增强所需的类别信息从何而来，即标记分布的内在生成机制；第二，标记增强的结果如何评价，即标记增强所得标记分布的质量评价机制，第三，标记增强为何有效，即标记增强后学习系统的泛化性能提升机制。对以上三个机制的理论研究，一方面对标记增强本身来说，将明确其研究范畴，揭示其内在机理，另一方面对相关学习范式来说，不但有助于深入理解 LDL 范式的工作原理，拓展其适用范围，而且有助于探索类别监督信息的本质，为审视传统学习范式提供新的视角。理论分析和实验结果验证了标记增强的有效性。

在第 4 章中，设计了面向标记分布学习的标记增强专用算法。如前所述，在标记增强的概念提出前已有一些方法，虽不是以标记增强为目标，却可以部分实现其功能。然而，以标记增强为目标专门设计的算法相比于既有方法能够取得显著更优的表现，其关键是如何设计能够充分挖掘数据中隐藏的标记信息的优化目标函数。因此，本文提出一种面向标记分布学习的标记增强方法 GLLE。该方法利用训练样本特征空间的拓扑结构以及标记间相关性，挖掘了标记强度信息，从而生成了标记分布。实验结果验证了 GLLE 对逻辑标记数据集进行标记增强处理后使用标记分布学习的有效性。

在第 5 章中，将标记增强应用到其他学习范式上，为解决传统学习问题提供新思路。在多标记学习中，相比单标记样本，多义性对象标记与示例间的关系更为复杂，标记增强可能获得的信息增益更多。因此，我们提出了基于标记增强的多标记学习方法 LEMLL，该方法将标记增强与多标记预测模型统一到同一学习框架内，使得预测模型可以在更为丰富的监督信息下进行训练，有效地提升了学习效果。在偏标记学习中，学习系统面临的监督信息不再具有单一性和明确性，其真实的语义信息湮没于候选标记集合中，使得对象的学习建模变得十分困难。我们提出了基于标记增强的偏标记学习方法 PLLE，该方法利用标记增强恢复候选标记的描述度，使得后续的学习问题转化为多输出回归问题。在多标记数据集和偏标记数据集上的实验结果显示，相较于对比方法，基于标记增强的方法取得了显著更优的表现。

6.2　下一步研究的方向

在本书的研究工作之外，还存在以下一些有待进一步研究的问题：

标记增强提出的初衷是一种配合 LDL 范式的数据预处理技术。在大多数工作中，标记增强与后续的 LDL 算法通常是两个分开的步骤，各有自己的优化目标。而我们在研究中发现，一方面，不同标记增强算法生成的标记分布反映出数据的不同特质，另一方面，不同 LDL 算法对训练集中标记分布的利用机制不同，这两者的目标并不总是一致，这导致两者之间有可能出现匹配不佳的情况，从而影响学习系统整体性能的提升。因此，有必要研究标记增强与 LDL 的耦合机制，即针对特定的标记增强结果，设计与之适配的 LDL 算法；或者反之，对特定的 LDL 算法，设计与之适配的标记增强算法；更进一步，可以设计端到端的学习框架，将标记增强与 LDL 统一到同一学习框架内。

在目前的标记增强工作中，标记增强所依赖的信息主要来自训练数据。在有些应用场景中，除训练数据本身外，我们还可以获得当前学习任务和其他相关学习任务的元数据，例如对任务本身特征的描述、相关任务上训练模型的超参数、训练好的模型参数、对模型的评估数据等。这些元数据从不同层面、不同角度提供了关于示例与标记间关系的额外信息来源，不但更为全面地描述了当前学习任务，而且还能够引入其他相关学习任务中获得的知识，这些信息同样值得在标记增强的过程中善加利用。基于元数据的标记增强可以在挖掘训练数据本身的基础上，结合元数据提供的额外信息，利用先验学习模型、不同任务中的知识以及任务之间的相关性等，进一步提升标记增强效果。

参考文献

[1] JORDAN M I, MITCHELL T M. Machine learning: trends, perspectives, and prospects [J]. Science, 2015, 349 (6245): 255-260.

[2] TSOUMAKAS, G, KATAKIS I. Multi-label classification: an overview[J]. International Journal of Data Warehousing and Mining, 2006, 3(3): 1-13.

[3] CABRAL R S, DE LA T F, COSTEIRA J P, et al. Matrix completion for multi-label image classification[C]// In: Advances in Neural Information Processing Systems. Granada, Spain: , 2011: 190-198.

[4] RUBIN T N, CHAMBERS A, SMYTH P, et al. Statistical topic models for multi-label document classification[J]. Machine Learning, 2012, 88(1-2): 157-208.

[5] WANG J D, ZHAO Y H, WU X Q, et al. A transductive multi-label learning approach for video concept detection[J]. Pattern Recognition, 2011, 44(10): 2274-2286.

[6] GENG X. Label distribution learning[J]. IEEE Transactions on Knowledge and Data Engineering, 2016, 28(7): 1734-1748.

[7] GENG X, YIN C, ZHOU Z H. Facial age estimation by learning from label distributions[J]. IEEE Transactions on Pattern Analysis

and Machine Intelligence, 2013, 35(10): 2401-2412.

[8] GAO B B, ZHOU H Y, WU J X, et al. Age estimation using expectation of label distribution learning[C]// In: Proceedings of the International Joint Conference on Artificial Intelligence. Stockholm, 2018: 712-718.

[9] SU K, GENG X. Soft facial landmark detection by label distribution learning[C]// In: Proceedings of the 33rd AAAI Conference on Artificial Intelligence, 2019: 5008-5015.

[10] LING M G, GENG X. Indoor crowd counting by mixture of gaussians label distribution learning[J]. IEEE Transactions on Image Processing, 2019, 28(11): 5691-5701.

[11] REN Y, GENG X. Sense beauty by label distribution learning [C]// In: Proceedings of the International Joint Conference on Artificial Intelligence. Melbourne, 2017: 2648-2654.

[12] GENG X, XIA Y. Head pose estimation based on multivariate label distribution[C]// In: Proceedings of the IEEE Conference on Computer Vision and Pattern Recognition. Columbus, 2014: 1837-1842.

[13] SHIRANI A, DERNONCOURT F A SENTE P, et al. Learning emphasis selection for written text in visual media from crowd-sourced label distributions [C]// In: Proceedings of the 57th Conference of the Association for Computational Linguistics. Florence, 2019: 1167-1172.

[14] ZHAO Z J, MA X J. Text emotion distribution learning from small sample: a meta-learning approach[C]// In: Proceedings of the Conference on Empirical Methods in Natural Language Processing. Hong Kong, 2019: 3955-3965.

[15] CHUNG J J Y, SONG J Y, KUTTY S, et al. Efficient elicitation approaches to estimate collective crowd answers[J]. Proceedings of the ACM on Human-Computer Interaction, 2019, 3(CSCW): 1-25.

[16] YU Z, YU J X, CHEN C, et al. Beyond bilinear: generalized multimodal factorized high-order pooling for visual question answering[J]. IEEE Transactions on Neural Networks and Learning Systems, 2018, 29(12): 5947-5959.

[17] BAI Y L, FU J L, ZHAO T J, et al. Deep attention neural tensor network for visual question answering[C]// In: Proceedings of the European Conference on Computer Vision. Munich, 2018: 20-35.

[18] ZHOU Y X, H, GENG X. Emotion distribution recognition from facial expressions[C]// In: Proceedings of the 23rd ACM International Conference on Multimedia. Brisbane, 2015: 1247-1250.

[19] ZHOU D, ZHOU Y, ZHANG X, et al. Emotion distribution learning from texts[C]// In: Proceedings of the Conference on Empirical Methods in Natural Language Processing. Austin, 2016: 638-647.

[20] HU D, ZHANG H, WU Z W, et al. Deep granular feature-label distribution learning for neuroimaging-based infant age prediction [C]// In: International Conference on Medical Image Computing and Computer-Assisted Intervention. Shenzhen, 2019: 149-157.

[21] LIU C, WANG W, LI Z, et al. Biological age estimated from retinal imaging: a novel biomarker of aging[C]// In: International Conference on Medical Image Computing and Computer-Assisted Intervention. Shenzhen, 2019: 138-146.

[22] WU X P, WEN N, LIANG J, et al. Joint acne image grading and counting via label distribution learning[C]// In: Proceedings of the IEEE International Conference on Computer Vision. Seoul, 2019: 10642-10651.

[23] XU N, TAO A, GENG X. Label enhancement for label distribution learning[C]// In: Proceedings of the International Joint Conference on Artificial Intelligence. Stockholm, 2018: 2926-2932.

[24] XU N, LIU Y P, GENG X. Label enhancement for label distri-

bution learning[J]. IEEE Transactions on Knowledge and Data Engineering, 2021, 33(4): 1632-1643.

[25] GAYAR N E, SCHWENKER F, PALM G. A study of the robustness of KNN classifiers trained using soft labels[C]// In: Proceedings of the 2nd International Conference on Artificial Neural Network in Pattern Recognition. Ulm, 2006: 67-80.

[26] FENG J X, ZHANG Y, CHENG L J. Fuzzy SVM with a new fuzzy membership function[J]. Neural Computing & Applications, 2006, 15(3-4): 268-276.

[27] LI Y K, ZHANG M L, GENG X. Leveraging implicit relative labelingimportance information for effective multi-label learning [C]// In: Proceedings of the 15th IEEE International Conference on Data Mining. Atlantic City, 2015: 251-260.

[28] HOU P, GENG X, ZHANG M L. Multi-label manifold learning [C]// In: Proceedings of the 30th AAAI Conference on Artificial Intelligence. Phoenix, 2016: 1680-1686.

[29] ZHENG Q H, ZHU J H, TANG H Y, et al. Generalized label enhancement with sample correlations[J]. arXiv preprint arXiv: 2004. 03104, 2020.

[30] TAN C, JI G L, LIU R C, et al. LTSA-LE: a local tangent space alignment label enhancement algorithm[J]. Tsinghua Science and Technology, 2021, 26(2): 135-145.

[31] GAO Y B, ZHANG Y, GENG X. Label enhancement for label distribution learning via prior knowledge[C]// In: Proceedings of the International Joint Conference on Artificial Intelligence. San Francisco: Morgan Kaufmann; 2020: 3223-3229.

[32] ZHANG M L, ZHOU Z H. A review on multi-label learning algorithms[J]. IEEE Transactions on Knowledge and Data Engineering, 2014, 26(8): 1819-1837.

[33] ZHANG M L, ZHOU Z H. A review on multi-label learning algorithms[J]. IEEE Transactions on Knowledge and Data Engineer-

ing, 2014, 26(8): 1819-1837.

[34] TSOUMAKAS G, KATAKIS I, VLAHAVAS I. Mining multi-label data[J]. Data Mining and Knowledge Discovery Handbook, 2010: 667-685.

[35] BOUTELL M R, LUO J B, SHEN X P, et al. Learning multi-label scene classification[J]. Pattern Recognition, 2004, 37(9): 1757-1771.

[36] TSOUMAKAS G, KATAKIS I, VLAHAVAS I. Random k-labelsets for multilabel classification [J]. IEEE Transactions on Knowledge and Data Engineering, 2010, 23(7): 1079-1089.

[37] FÜRNKRANZ J, HÜLLERMEIER E, MENCÍA E L, et al. Multilabel classification via calibrated label ranking[J]. Machine learning, 2008, 73(2): 133-153.

[38] ZHANG M L, ZHOU Z H. ML-KNN: a lazy learning approach to multi-label learning [J]. Pattern Recognition, 2007, 40 (7): 2038-2048.

[39] CLARE A, KING R D. Knowledge discovery in multi-label phenotype data[C]// In: European Conference on Principles of Data Mining and Knowledge Discovery. Freiburg, 2001: 42-53.

[40] ELISSEEFF A, WESTON J. A kernel method for multi-labelled classification[C]// In: Advances in Neural Information Processing Systems. Vancouver, 2002: 681-687.

[41] GAO B B, XING C, XIE C W, et al. Deep label distribution learning with label ambiguity[J]. IEEE Transactions on Image Processing, 2017, 26(6): 2825-2838.

[42] WU T F, LIN C J, WENG R C. Probability estimates for multiclass classification by pairwise coupling[J]. Journal of Machine Learning Research, 2004, 5: 975-1005.

[43] LIN H, LIN C J, WENG R C. A note on Platt's probabilistic outputs for support vector machines [J]. Machine Learning, 2007, 68(3): 267-276.

[44] BERGER A L, PIETRA S D, PIETRA V J D. A maximum entropy approach to natural language processing[J]. Computational Linguistics, 1996, 22(1): 39-71.

[45] PIETRA S D, PIETRA V D, LAFFERTY J. Inducing features of random fields[J]. IEEE Transactions on Pattern Analysis and Machine Intelligence, 1997, 19(4): 380-393.

[46] NOCEDAL J, WRIGHT S J. Numerical optimization[M]. New York: Springer, 2006.

[47] QUOST B, DENOEUX T. Learning from data with uncertain labels by boosting credal classifiers[C]// In: Proceedings of the 1st ACM SIGKDD Workshop on Knowledge Discovery from Uncertain Data. Paris, 2009: 38-47.

[48] DENOEUX T, ZOUHAL L M. Handling possibilistic labels in pattern classification using evidential reasoning[J]. Fuzzy sets and systems, 2001, 122(3): 409-424.

[49] SMYTH P, FAYYAD U, BURL M, et al. Learning with probabilistic supervision[J]. Computational learning theory and natural learning systems, 1995, 3: 163-182.

[50] GENG X, WANG Q, XIA Y. Facial age estimation by adaptive label distribution learning[C]// In: Proceedings of the 22nd International Conference on Pattern Recognition. Stockholm, 2014: 4465-4470.

[51] CASTILLO O, MELIN P. Hybrid intelligent systems for pattern recognition using soft computing: an evolutionary approach for neural networks and fuzzy systems[M]. Heidelberg: Springer, 2005.

[52] KLIR G J, YUAN B. Fuzzy sets and fuzzy logic[M]. Upper Saddle River: Prentice hall New Jersey, 1995.

[53] ZHU X J, GOLDBERG A B. Introduction to semi-supervised learning[J]. Synthesis Lectures on Artificial Intelligence and Machine Learning, 2009: 3(1): 1-130.

[54] ZHU X J, LAFFERTY J, ROSENFELD R. Semi-supervised learning with graphs[M]. Pittsburgh: Carnegie Mellon University, 2005.

[55] KINGMA D P, WELLING M. Auto-encoding variational bayes [C]// In: International Conference on Learning Representations. Banff, 2014.

[56] REZENDE D J, MOHAMED S, WIERSTRA D. Stochastic back-propagation and approximate inference in deep generative models [J]. arXiv preprint arXiv: 1401.4082, 2014.

[57] DEVROYE L. Random variate generation in one line of code [C]// In: Proceedings Winter Simulation Conference. Coronado, 1996: 265-272.

[58] EISEN M B, SPELLMAN P T, BROWN P O, et al. Cluster analysis and display of genome-wide expression patterns[J]. Proceedings of the National Academy of Sciences, 1998, 95 (25): 14863-14868.

[59] YU J F, JIANG D K, XIAO K, et al. Discriminate the falsely predicted proteincoding genes in Aeropyrum Pernix K1 genome based on graphical representation[J]. Match-Communications in Mathematical and Computer Chemistry, 2012, 67(3): 845.

[60] LYONS M, AKAMATSU S, KAMACHI M, et al. Coding facial expressions with gabor wavelets[C]// In: Proceedings of the 3rd International Conference on Face & Gesture Recognition. Nara, 1998: 200-205.

[61] YIN L J, WEI X Z, SUN Y, et al. A 3D facial expression database for facial behavior research[C]// In: Proceedings of 7th IEEE International Conference on Automatic Face and Gesture Recognition. Southampton, 2006: 211-216.

[62] GENG X, LUO L R. Multilabel ranking with inconsistent rankers [C]// In: Proceedings of the IEEE Conference on Computer Vision and Pattern Recognition. Columbus, 2014: 3742-3747.

[63] GENG X, HOU P. Pre-release prediction of crowd opinion on movies by label distribution learning[C]// In: Twenty-Fourth International Joint Conference on Artificial Intelligence. 2015.

[64] TUIA D, VERRELST J, ALONSO L, et al. Multioutput support vector regression for remote sensing biophysical parameter estimation[J]. IEEE Geoscience and Remote Sensing Letters, 2011, 8 (4): 804-808.

[65] TSOUMAKAS G, DIMOU A, SPYROMITROS E, et al. Correlation-based pruning of stacked binary relevance models for multi-label learning[C]// In: Proceedings of the 1st International Workshop on Learning from Multi-Label Data. Bled, 2009. 101-116.

[66] HUANG S J, ZHOU Z H. Multi-label learning by exploiting label correlations locally[C]// In: Twenty-sixth AAAI conference on artificial intelligence. Toronto, 2012: 949-955.

[67] ZHOU Z H, ZHANG M L, HUANG S J, et al. Multi-instance multi-label learning[J]. Artificial Intelligence, 2012, 176(1): 2291-2320.

[68] SMOLA A J. Learning with kernels[D]. GMD, Birlinghoven, 1999.

[69] ZHANG M L, LI Y K, LIU X Y, et al. Binary relevance for multi-label learning: an overview[J]. Frontiers of Computer Science, 2018, 12(2): 191-202.

[70] LI Y C, SONG Y L, LUO J B. Improving pairwise ranking for multi-label image classification [C]// In: Proceedings of the IEEE Conference on Computer Vision and Pattern Recognition. Honolulu, 2017: 3617-3625.

[71] BURKHARDT S, KRAMER S. Online multi-label dependency topic models for text classification[J]. Machine Learning, 2018, 107(5): 859-886.

[72] READ J, PFAHRINGER B, HOLMES G, et al. Classifier chains

for multi-label classification [J]. Machine learning, 2011, 85 (3): 333.

[73] READ J, PFAHRINGER B, HOLMES G. Multi-label classification using ensembles of pruned sets[C]// In: IEEE International Conference on Data Mining. Pisa, 2008: 995-1000.

[74] TSOUMAKAS G, SPYROMITROS-XIOUFIS E, VILCEK J, et al. MULAN: a java library for multi-label learning[J]. Journal of Machine learning research, 2011, 12(7): 2411-2414.

[75] COUR T, SAPP B, TASKAR B. Learning from partial labels [J]. Journal of Machine Learning Research, 2011, 12(5): 1501-1536.

[76] CHEN Y C, PATEL V M, CHELLAPPA R, et al. Ambiguously labeled learning using dictionaries[J]. IEEE Transactions on Information Forensics and Security, 2014, 9(12): 2076-2088.

[77] YU F, ZHANG M L. Maximum margin partial label learning[J]. Machine Learning, 2017, 106(4): 573-593.

[78] LUO J, ORABONA F. Learning from candidate labeling sets [C]// In: Advances in Neural Information Processing Systems. Vancouver, 2010: 1504-1512.

[79] ZENG Z, XIAO S J, JIA K, et al. Learning by associating ambiguously labeled images [C]// In: Proceedings of the IEEE Computer Society Conference on Computer Vision and Pattern Recognition. Portland, 2013: 708-715.

[80] CHEN C H, PATEL V M, CHELLAPPA R. Learning from ambiguously labeled face images[J]. IEEE Transactions on Pattern Analysis and Machine Intelligence, 2017, 40(7): 1653-1667.

[81] LIU L P, DIETTERICH T G. A conditional multinomial mixture model for superset label learning[C]// In: Advances in Neural Information Processing Systems. Cambridge, 2012: 557-565.

[82] TANG C Z, ZHANG M L. Confidence-rated discriminative partial label learning[C]// In: Proceedings of the 31st AAAI Confer-

ence on Artificial Intelligence. San Francisco, 2017: 2611-2617.

[83] JIN R, GHAHRAMANI Z. Learning with multiple labels [C] // In: Advances in Neural Information Processing Systems. Vancouver, 2003: 921-928.

[84] NGUYEN N, CARUANA R. Classification with partial labels [C] // In: Proceedings of the 14th ACM SIGKDD International Conference on Knowledge Discovery and Data Mining. Las Vegas, 2008: 381-389.

[85] HÜLLERMEIER E, BERINGER, J. Learning from ambiguously labeled examples [J]. Intelligent Data Analysis, 2006, 10 (5): 419-439.

[86] ZHANG M L, Yu F. Solving the partial label learning problem: an instancebased approach [C] // In: International Conference on Artificial Intelligence. San Diego, 2015: 4048-4054.

[87] ZHANG M L, YU F, TANG C Z. Disambiguation-free partial label learning [J]. IEEE Transactions on Knowledge and Data Engineering, 2017, 29(10): 2155-2167.

[88] DIETTERICH T G, BAKIRI G. Solving multiclass learning problem via errorcorrecting output codes [J]. Journal of Artificial Intelligence Research, 1995, 2(1): 263-286.

[89] ZHOU Z H. Ensemble methods: foundations and algorithms [M]. Boca Raton: Chapman & Hall/CRC, 2012.

[90] PANIS G, LANITIS A. An overview of research activities in facial age estimation using the FG-NET aging database [C] // In: European Conference on Computer Vision. Zurich 2014: 737-750.

[91] BRIGGS F, FERN X Z, RAICH R. Rank-loss support instance machines for MIML instance annotation [C] // In: Proceedings of the 18th ACM SIGKDD International Conference on Knowledge Discovery and Data Mining. Beijing, 2012: 534-542.

[92] GUILLAUMIN M, VERBEEK J, SCHMID C. Multiple instance metric learning from automatically labeled bags of faces [C] // In:

European conference on computer vision. Heraklion, 2010: 634-647.

[93] BACHE K, LICHMAN M. UCI machine learning repository[Z/ OL]. http://archive. ics. uci. edu/ml/index. php.

[94] ZHANG M L, ZHOU B B, LIU X Y. Partial label learning via featureaware disambiguation[C]// In: Proceedings of the 22nd ACM SIGKDD Conference on Knowledge Discovery and Data Mining. San Francisco, 2016: 1335-1344.

致谢

白日何短短，百年苦易满。本书内容来自我的博士毕业论文。回想论文完结之时，不禁感慨日月如梭。当时我的博士研究生涯已接近结尾，骤觉时间紧迫，须坚定意志，奋勇向前。回首这段攻读博士学位的时光，我对每一位给予我帮助和鼓励的人充满感激。

首先，我要感谢我的导师耿新教授。在选题、文献调研、算法和实验方案设计、开题直至定稿期间，耿老师都付出了大量的心血。在我攻读博士学位期间，耿老师不仅为我指明了研究的方向，还在思想形成、算法设计、实验设置、数据分析、论文撰写等各个方面给予我悉心的指导。耿老师用自身严谨的治学态度、勤勉的工作作风引导着我，他的言传身教让我树立起了对科研的基本态度。在 IJCAI 2018 截止日期当夜，耿老师还在为我逐字逐句修改论文实验结果的表述文字，每每想起，我依旧感动。感谢耿老师对我的培养，我会牢记耿老师的教诲，在以后的科研道路上，努力工作，毫不懈怠。

其次，我还要感谢 PALM 实验室的所有老师和同学。感谢张敏灵教授对于我在偏标记学习研究上指导，感谢薛晖副教授对我的关照和鼓励。感谢西安交通大学孟德宇教授激发了我利用变分推断研究标记增强理论的想法，并给予了我诸多建议。感谢王靖、吕佳祺、王科、刘云鹏、束俊、吴璇、任意、高永标、侯鹏、邢超、邵瑞枫等对我的帮助。

感谢我的家人对我的关爱与照顾。他们从始至终都默默地支持着我，从不给我压力，却给了我最大的理解和包容，是我的坚强后盾。

犹记得四年前，母亲为我读博而深感骄傲。而当我快要博士毕业时，她已过世三载。我很爱她，我很想她。

攻读博士学位期间的研究成果和获奖情况

攻读博士学位期间主要撰写的论文

[1] **Ning Xu**, Yun-Peng Liu, and Xin Geng. Label Enhancement for Label Distribution Learning. IEEE Transactions on Knowledge and Data Engineering (TKDE), 2019, in press. (CCF A 类期刊)

[2] **Ning Xu**, Yun-Peng Liu, Jun Shu, and Xin Geng. Variational Label Enhancement. In：Proceedings of the International Conference on Machine Learning (ICML' 20), in press. (CCF A 类会议)

[3] **Ning Xu**, Yun-Peng Liu, and Xin Geng. Partial Multi-Label Learning with Label Distribution. In：Proceedings of the 34th AAAI Conference on Artificial Intelligence (AAAI' 20), New York, NY, 2020, in press. (CCF A 类会议)

[4] **Ning Xu**, Jiaqi Lv, Xin Geng. Partial Label Learning via Label Enhancement. In：Proceedings of the 33rd AAAI Conference on Artificial Intelligence (AAAI' 19), Honolulu, HI, 2019, 5557-5564. (CCF A 类会议)

[5] **Ning Xu**, An Tao, Xin Geng. Label Enhancement for Label Dis-

tribution Learning. In：Proceedings of the International Joint Conference on Artificial Intelligence（IJCAI'18），Stockholm，Sweden，2018，2926-2932.（CCF A 类会议）

［6］ Yun-PengLiu，**Ning Xu**，Yu Zhang，Xin Geng. Label Distribution for Learning with Noisy Labels，In：Proceedings of the International Joint Conference on Artificial Intelligence（IJCAI'20），Yokohama，Japan，2020，inpress.（CCF A 类会议）

［7］ Jiaqi Lv，**Ning Xu**，and Xin Geng. Weakly Supervised Multi-Label Learning via label Enhancement. In：Proceedings of the International Joint Conference on Artificial Intelligence（IJCAI'19），Macao，China，2019，3101-3107.（CCF A 类会议）

［8］ Ruifeng Shao，**Ning Xu**，and Xin Geng. Multi-label Learning with Label Enhancement. In：Proceedings of the 18th IEEE International Conference on Data Mining（ICDM'18），Singapore，2018，437-446.（CCF B 类会议）

［9］ An Tao，**Ning Xu**，and Xin Geng. Labeling Information Enhancement for Multi-label Learning with Low-Rank Subspace. In：Proceedings of the 15th Pacific Rim International Conference on Artificial Intelligence（PRICAI'18），Nanjing，China，2018，671-683.（CCF C 类会议）

［10］ 耿新，**徐宁**. 标记分布学习与标记增强，中国科学：信息科学，2018，48（5）：521-530.（国内一级学报）

［11］ 耿新，**徐宁**. 面向标记分布学习的标记增强，计算机研究与发展，2017，54（6）：1171-1184.

攻读博士学位期间获得的奖励

［1］ 研究生国家奖学金，2019 年。

［2］ 南京人工智能产业兴智计划（奖学金），2018 年。

［3］ AAAI 学生旅行奖，2019、2020 年。

攻读博士学位期间参加的主要科研项目

国家重点研发计划"大数据多模态交互协同关键技术"（2017YFB1002801）。

丛书跋

2006 年，中国计算机学会（CCF）创立了 CCF 优秀博士学位论文奖（简称 CCF 优博奖），授予在计算机科学与技术及其相关领域的基础理论或应用基础研究方面有重要突破，或在关键技术和应用技术方面有重要创新的中国计算机领域博士学位论文的作者。微软亚洲研究院自 CCF 优博奖创立之初就大力支持此项活动，至今已有十余年。双方始终维持着良好的合作关系，共同增强 CCF 优博奖的影响力。自创立始，CCF 优博奖激励了一批又一批优秀年轻学者成长，帮他们赢得了同行认可，也为他们提供了发展支持。

为了更好地展示我国计算机学科博士生教育取得的成效，推广博士生科研成果，加强高端学术交流，CCF 委托机械工业出版社以“CCF 优博丛书”的形式，全文出版荣获 CCF 优博奖的博士学位论文。微软亚洲研究院再一次给予了大力支持，在此我谨代表 CCF 对微软亚洲研究院表示由衷的感谢。希望在双方的共同努力下，"CCF 优博丛书"可以激励更多的年轻学者做出优秀成果，推动我国计算机领域的科技进步。

唐卫清

中国计算机学会秘书长

2022 年 9 月